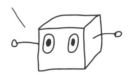

你看起来
好像……
我爱你

YOU LOOK
LIKE A THING
AND
I LOVE YOU

AI的工作原理
以及它为这个世界
带来的稀奇古怪

[美] 贾内尔·沙内（Janelle Shane） 著

余天呈 译

中信出版集团｜北京

图书在版编目（CIP）数据

你看起来好像……我爱你：AI的工作原理以及它为
这个世界带来的稀奇古怪 /（美）贾内尔·沙内著；余
天呈译. -- 北京：中信出版社，2021.4
书名原文：You Look Like a Thing and I Love You:
How Artificial Intelligence Works and Why It's
Making the World a Weirder Place
ISBN 978-7-5217-2735-7

I.①你… II.①贾… ②余… III.①人工智能 – 普
及读物 IV.①TP18-49

中国版本图书馆CIP数据核字（2021）第018033号

You Look Like a Thing and I Love You: How Artificial Intelligence Works and Why It's
Making the World a Weirder Place by Janelle Shane
Copyright © 2019 by Janelle Shane
This edition published by arrangement with Little, Brown and Company, New York, New York, USA. All rights reserved.
Simplified Chinese translation copyright © 2021 by CITIC Press Corporation
ALL RIGHTS RESERVED
本书仅限中国大陆地区发行销售

你看起来好像……我爱你——AI的工作原理以及它为这个世界带来的稀奇古怪

著　者：［美］贾内尔·沙内
译　者：余天呈
出版发行：中信出版集团股份有限公司
　　　　　（北京市朝阳区惠新东街甲4号富盛大厦2座　邮编　100029）
承 印 者：天津丰富彩艺印刷有限公司

开　本：880mm×1230mm　1/32　　印　张：9　　字　数：155千字
版　次：2021年4月第1版　　　　　印　次：2021年4月第1次印刷
京权图字：01-2021-0399
书　号：ISBN 978-7-5217-2735-7
定　价：49.00元

献给我的博客读者， 你们对所有的愚蠢笑话大笑，描绘出这种奇怪的生物，认出了所有的长颈鹿，甚至烘焙了那些神经网络生成的点心。谢谢你们还忍受了山葵布朗尼这种食物的存在。

献给我的家人， 谢谢你们做我的头号粉丝。

目　录

人工智能无处不在

教一个 AI（人工智能）调情，绝对不是我常做的事情。

当然，我做过很多奇怪的人工智能项目。在我的博客"怪奇人工智能"上，我曾经训练过一个 AI 来给猫取名字——其中有一些不太成功的案例，比如叮当先生或者呕吐者，我还让一个 AI 来生成新的菜谱，其中一些菜谱会用到去皮迷迭香和破碎的玻璃作为原料。不过，教 AI 说一些人类的甜言蜜语是一件完全不同的事情。

人工智能是通过样本来学习的——在我们的情境中是研究一些已有的搭讪俏皮话，然后用它们生成更多全新的话语。问题在于：我的电脑屏幕上的训练数据集是一些我从互联网上各处收集的俏皮话，而且它们全都很糟糕。它们当中包括油腻俗气的双关语和带有侮辱性的含沙射影。一旦我训练了一个人工智能程序模仿它们，只要点击一下按钮，这个程序就会生成成千上万个糟糕的俏皮话。同时，就像一个易受外界影响的孩子一样，它不会知道哪些语言应该模仿，哪些不应该模仿。这个人工智能程序会从一块对搭讪俏皮话一无所知（甚至不知道英语是什么）的白板开始，从这些样本中学习，尽最大努力来模仿它发现的所有规律，当然也包括样本中粗俗的部分。人工智能没办法知道哪些话是好的。

我考虑过放弃这个项目，但是我需要写一篇博文，同时我已经花费了许多时间来收集这些用作样本的俏皮话。所以我开始训练程序。这个人工智能开始寻找样本中的规律，发明并检验一些可以帮助它预测哪些字母应该按照何种顺序出现在俏皮话中的规则。最终，训练结束了。带着一点儿诚惶诚恐的意味，我命令这个人工智能程序生成一些语句：

> 你一定是一个三角形？因为你是这里唯一的东西。
>
> 嘿，宝贝，你会成为一把钥匙吗？因为我能够忍受你的嘟嘟声。
>
> 你是一根蜡烛吗？因为你看起来真热辣。

你真美，你对我和宝贝说蝙蝠。

你看起来像个东西，我爱你。

我感到又惊又喜。这个人工智能的虚拟大脑（复杂度大概相当于一条蠕虫）没有能力辨别数据集的各种细节，比如厌女症和粗俗。它尽全力应付它设法发现的规律……然后获得一种完全不同——也许更好——的答案，来解决逗笑陌生人的问题。

尽管对我而言，它能生成话语已经是一种引人注目的成功了，但对于那些关于人工智能的知识大多来自新闻头条和科幻小说的人来说，我的人工智能伙伴表现出的乱无头绪也许会让他们感到惊讶。我们常常见到一些公司声称人工智能可以像人类一样区分语言中各种细微的差异，甚至做得更好，或者人工智能将很快在许多工作领域代替人类。新闻界发布消息说，人工智能很快会无处不在。这些说法是正确的——同时也是大错特错的。

事实上，人工智能已经无处不在了。我们在互联网上的体验取决于人工智能，它决定了我们能看到哪些广告，它推荐视频，同时检测社交媒体上的机器人和恶意网站。许多公司使用人工智能来进行简历筛选，判断该面试哪些应聘者，也会用人工智能来判断是否应该批准某项贷款申请。自动驾驶汽车中的人工智能已经驾驶了上百万英里（它们在陷入困惑时偶尔需要人类营救）。我们已经把人工智能应用在我们的智能手机中，它们会识别我们的语音指令，自动给相片中的人脸归类贴标签，甚至会在视频中加一个让我们看起来长着兔子耳朵的滤镜。

但是不需要多长时间，我们就会体会到，这些我们每天都在使用的人工智能并非完美无缺。广告投放程序会不停地给我们推送我们买过的靴子的广告。垃圾邮件过滤器有时会让明显的骚扰邮件通过，或是在最不合时机的关头过滤掉一封至关重要的邮件。

因为我们日常生活中的许多部分受到算法的支配，这些人工智能的"怪癖"除了造成不便，还开始带来一些严重的后果。视频网站YouTube（优兔）上的推荐算法会把人们引向观点更加两极化的内容，短短几次点击之间，人们就会从主流新闻被引导到去观看仇视社会的群体和阴谋家的视频。[1]在假释、贷款和简历筛选方面帮助人类决策的算法是中立的，但是它们也可能像它们要替代的人类那样充满偏见——有时更甚之。人工智能控制的监控没有办法收受贿赂，但它们在被要求做某件事时，也无法出于道德原因而提出反对。研究者发现，一些看起来无足轻重的细节，比如一块小小的贴纸，就可以让一个图像识别的人工智能认为一把枪是一台烤面包机，而安全性能不足的指纹识别器被主人的指纹愚弄的概率是77%。

　　人们经常兜售人工智能比实际上更能干的观点，号称他们的人工智能可以完成一些只有科幻小说中才会出现的情景。另一些人则自卖自夸他们的人工智能公正不阿，尽管它们的表现明显地带有偏见。同时，通常人们声称的人工智能所做的工作，实际上都是人类居于幕后在工作。作为这个星球上的消费者和公民，我们得避免上当受骗。我们需要理解我们的数据是如何被人工智能使用的，理解我们使用的人工智能究竟是什么。

　　在"怪奇人工智能"博客上，我花了不少时间用人工智能做了一些有趣的项目。这意味着让人工智能模仿一些不同寻常的事物，比如俏皮话。另外，我想试试能不能让它们走出舒适区，比如我给一个图像识别算法展示电影人物阿纳金·天行者的图片，然后询问它看到了什么：它回答说阿纳金·天行者是一棵树，接着便开始和我争论起来。从我的经验来看，我发现，即便是最直截了当的任务也可能使人工智能失效，就像你和它开了一个玩笑。但是事实证明，和人工智能开这样的玩笑——交给它一项任务，然后看着它不知所措——是一种了解人工智能的绝佳途径。

　　事实上，就像我们将在本书中看到的，人工智能算法的内部构造往往是如此复杂和怪异，以至于观察人工智能的输出可能是唯一一种我们能用来探索它理解了什么、哪里出现了问题的工具。当你让一个人工智能程序画一只猫或者写一个笑话时，它犯下的错误和它在处理指纹或医学影像时犯的错误是类似的，只是当它画出的猫有6条腿、讲的笑话里没有包袱的时候，你可以更容易知道它出了问题。另外，这些错真的很好笑。

在我尝试让人工智能走出它们的舒适区，进入我们的世界时，我曾经让人工智能去写一篇小说的第一行、在不同寻常的场景中识别绵羊、写一份菜单、给豚鼠取名字，通常得到的结果都非常奇怪。但是从这些实验中，你可以学到许多有关人工智能的优缺点的知识——以及哪些事情它不太可能在你我的有生之年做到。

这是我学到的：

人工智能奇怪之处的五点原则：

- 人工智能的缺点不是因为它们太聪明，而是因为它们不够聪明。
- 人工智能的脑力大概相当于一条蠕虫。
- 人工智能并没有真正理解你想让它解决的问题。
- 人工智能会完完全全按照你告诉它的指令来执行。或者，它至少会尽全力去做。
- 人工智能会选择最容易的路径。

那么，让我们一起进入人工智能的奇怪世界吧！我们将会了解到人工智能是什么——以及它不是什么。我们会知道它擅长什么，在哪里一定会失败。我们会知道为什么未来的人工智能也许长得不太会像C-3PO①那样，反而会更接近一群昆虫。我们将会知道为什么自动驾驶汽车在世界毁灭、丧尸横行时不太适合用来逃跑。我们

---

① 电影《星球大战》系列中的机器人角色。——译者注

将会知道为什么你永远也不应该自愿去测试一个分拣三明治的人工智能，同时我们将会遇到行走的人工智能，它不想做任何事只想行走。在这个过程中，我们将会知道人工智能如何工作，如何思考，为什么它将使世界变得更怪异。

第1章
人工智能是什么

快点儿，人工智能！计算下贝尔熊猫星系的翘曲坐标！

啊，你找错了。我只是一个穿着机器人套装的家伙。这真的很尴尬。

如果人工智能看起来无处不在，部分原因是"人工智能"这个词代表了太多的事物，它具体的含义取决于你是在读科幻小说，是在售卖一款新的应用程序，还是在做科学研究。当有人说他们有一个人工智能控制的聊天机器人时，我们应该期待它像小说中的C–3PO一样有自己的观点和感觉吗？或者它只是一个学会了如何猜测人们会怎样回应某个给定短语的算法？一个把你问题中的单词和数据库中事先计算出来的回答进行匹配的电子表格？一个拿着很低的工资、在某个遥远的地方在键盘上敲出所有的答案的人？或者，甚至是一段完全照本宣科的对话，就像戏剧舞台上的人物一样朗读事先写好的台词？令人困惑的是，在很多不同的情况下，这些都被称作人工智能。

　　出于本书写作的目的，我将像如今大多数的程序员那样使用人工智能这个名词，用于指代一种特殊的、被称为机器学习算法的计算机程序。下面的表格中展示了一些我将会在本书中提及的名词，以及它们是否属于我们这里所定义的人工智能的范畴。

被称为AI的事物

在本书中被称为AI	在本书中出现，但不是AI
机器学习算法	科幻小说人工智能
深度学习	基于规则的程序
神经网络	穿着机器人服装的人类
递归神经网络	阅读剧本的机器人
马尔可夫链	被雇来假装人工智能的人类
随机森林	有感觉的蟑螂
遗传算法	幽灵长颈鹿
生成式对抗网络	
强化学习	
输入文本预测	
神奇的三明治分拣器	
不幸的机器人杀手	

　　我将在本书中称作"人工智能"的一切都属于机器学习算法——让我们来聊一聊这到底是什么。

咚，咚，那是谁①

　　为了在自然环境中识别出人工智能，了解机器学习算法（我们在本书中称为人工智能）和传统程序（我们称为基于规则的程序）的差别十分重要。如果你做过基本的编程，或者使用过 HTML 语言来设计一个网站，那么你就是在使用基于规则的程序。你用一种计算机可以理解的语言写下一系列的指令或者规则，然后计算机就会严格按照你说的去执行。要用基于规则的程序解决一个问题，你必须具体知道完成任务所需的每一步，以及如何描述这些步骤。

　　然而，机器学习算法可以通过试错和评估自己在程序员指定的目标上是否达标，自行找到这些规则。这些目标可以是一个可供模仿的样本列表，一个亟待提高的游戏比分，或者是任何其他东西。在人工智能努力达到这些目标的过程中，它能够发现程序员可能完全不知道的规则与关联。与编写一个传统程序相比，编写一个人工智能程序更像是教导孩子。

基于规则的编程

　　假如我想要用人们更熟悉的、基于规则的编程方法来教计算机讲敲门笑话。我要做的第一件事就是想出所有的规则。我将会分析敲门笑话的规则，然后发现它符合下述的形式：

---

① 敲门笑话，一种英语笑话，以双关语作为笑点，通常由两人对答组成。——译者注

咚，咚

是谁？

［名字］

［名字］谁？

［名字］［包袱］

一旦我把这种形式完全确定下来，就只剩下两个我们可以控制的空余位置了：［名字］和［包袱］。现在，问题归结为生成这两个部分。然而，我仍然需要一些规则来生成它们。

我可以先确定一系列可用的名字和包袱，比如以下：

名字   包袱[1]

生菜   进来，外面很冷！

哈利   上去，外面很冷！

一打   任何人想让我进来吗？

橙子   你将会让我进来吗？

现在电脑就可以通过每次从这个列表中选择一个名字和包袱的组合，再把它放进模板中。这样不会产生任何新的敲门笑话，仅仅是给我提供一些我已经知道的敲门笑话。我也许会想做得更有趣一

---

[1]   在原书中，这里的英文名字和包袱恰好可以组成一个意思完整的句子。——译者注

些，尝试把［外面很冷！］换成一些不同的短语比如［我被鳗鱼袭击了！］或者［不然我就会被吓得说不出话来］。之后，这个程序就可以产生新的笑话了：

咚，咚

那是谁？

哈利

哈利是谁？

哈利，上去，我被鳗鱼袭击了！

我可以把［鳗鱼］换成［愤怒的蜜蜂］或者［魔鬼鱼］或者任何其他东西。然后，我就可以让计算机生成更多的新笑话了。只要有足够多的规则，我就可以生成成百上千个笑话。

我也可以花很多时间来设计更多更高级的规则，这取决于我想要把事情弄得多复杂。我可以找一些已有的包袱，再想办法把它们转化成我们当前的形式。我甚至可以把发音规则、韵律、同义词、文化背景等都写进程序，试着让计算机能够重新排列组合得到有趣的包袱。如果我在这方面很聪明，我甚至可以生成一些人们从来没见过的包袱。（虽然有人真的这么做过，最后却发现这些包袱中含有一些太过模糊和过时的短语，以至于没有人能理解这些笑话。）无论我编写笑话的规则有多么复杂，我仍然是在告诉计算机如何具体地解决这个问题。

训练人工智能

但当我们训练人工智能来讲敲门笑话时，我们不会指定任何规则。人工智能必须自己找到这些规则。

我们唯一交给它的是一个已有的敲门笑话组成的集合，以及一些指令，它们本质上是这样的："这里有一些笑话，去制造更多的笑话吧！"我交给它的学习材料是什么呢？那就是一箩筐随机的字和标点符号。

然后，我就去取咖啡了。

人工智能开始了工作。

它做的第一件事是猜测敲门笑话中的一些字符。到目前为止，它还是在百分百地瞎猜，所以最初的猜测可能是任何东西。比如说它猜测出了一些类似于"鏣丨紃鎌俪㧯璇，椂鐥勠楝绀烘傪鐩碯紅鍘熻悲鐏。互"的乱码。按照它的理解，这就是你讲敲门笑话的办法。

然后这个人工智能程序就开始研究敲门笑话到底该长成什么样子了。有可能它错得一塌糊涂。"没关系"，人工智能说，然后它会轻微调整一下自己的结构，这样下次它就会猜测得更准确一些。对于人工智能改变自己的程度，应当存在一个限度，因为我们不希望它努力记住见到的每一段文字。不过，通过尽可能少的调整，这个人工智能就可以发现它只是在输出字符"敲"和空格，这样它至少在有些时候是和我们给出的句子吻合的。在看到一批敲门笑话之后，它会进行一轮更正，它对于敲门笑话的理解大概就是下面的样子[①]：

---

① 在翻译这些生成的失败笑话时，译文根据汉语的语言习惯做了灵活处理，和原书并不完全相同。——译者注

敲　　敲敲敲敲敲　敲敲敲

敲敲　　　　　敲敲敲

敲敲敲敲

敲

敲敲

敲敲　　敲　　敲敲

敲谁谁敲敲　敲

敲

敲

到现在为止，这并不是世界上最好的敲门笑话。但以此为起点，这个人工智能可以继续前进，学习第二批敲门笑话，然后再学习下一批。每一次，它都会调整自己生成笑话的形式，改进自己的猜测。

在几轮猜测和自我调整之后，它学到了更多的规则。它学会了把偶尔出现的问号放在每一行的末尾。它开始知道使用定语相关的词（特别是"的"）。它甚至开始尝试使用逗号。

生哈进，

敲生哈进 生哈进

面很一橙？

进打上

吗

```
冷进面上
菜面生进
子　哈
了　敲
了
```

　　它找到的生成敲门笑话的规则和现实的吻合程度如何呢？看起来，我们仍然缺点儿什么。

　　如果它想生成一些更具有可读性的敲门笑话，它就得找到一些确定这些字符排列顺序的规则。和以往一样，它是从猜测开始的。猜测"生"字后面永远是"菜"？事实表明，这个猜测不太合理。然后它开始猜测"进"字后面永远跟着"来"，这看起来更靠谱一点儿。它确实有一些进步。看，现在它心目中完美的笑话应该长这样：

```
进来
进来
进来
进来
进来　进来　进来
进来　进来
进来
进来
```

　　这还远不是一个敲门笑话——它听起来更像是无意义的重复。这个人工智能需要找到更多的规则。

　　于是，它又一次仔细研究数据集，尝试用一些新的方法来使用"进来"，寻找新的组合，来更好地模仿样本中的敲门笑话。

　　　　生菜进来　进来

　　　　哈利进来

　　　　进来

　　　　橙子　生菜　敲

　　　　进来　进来

　　　　谁？

　　　　很冷　上去

　　　　进来　很冷　上去

　　　　生菜　进来

　　　　一打

　　　　进来

　　　　进来

　　所有的这一切进展都发生在短短几分钟内。在我拿着我的咖啡回来之前，这个人工智能就已经发现敲门笑话应该以"咚，咚，那是谁？"作为开始了，这和已有的敲门笑话相吻合。它决定永远遵循这条规则。

　　但是，它需要更多的时间来发现敲门笑话的其他规律，然后这个人工智能就常常退化到只会耍自说自话的把戏——或者是演出一幕机器人版本的"谁在一垒？"的常见喜剧段子[①]。

咚，咚

那是谁？

生菜

生菜是谁？

生里是谁？

哈利是谁？

哈菜是谁？

橙子是谁？

一打是谁？

很快，它就发现了这个模板剩下的部分：词语，但是你知道的，这并不确切：

咚，咚

那是谁？

哈利

---

① 《谁在一垒？》是一个由美国喜剧搭档亚伯特与卡斯提洛演出的喜剧段子。喜剧的内容是两人在谈论一支棒球队的成员，由于棒球队成员的名字很特别，两人的对话可以同时被解释为问句和答句，使得谈话的双方发生诸多误会。例如棒球队一垒手的名字是"谁"，因此问题和回答同样是"谁在一垒"。——译者注

生菜是谁？

一打想很冷进来

它有时也会把包袱写得过长：

咚，咚

那是谁？

哈利

生菜是谁？

一打想很冷进来将会橙子吗？很冷上去敲敲那是哈利生菜是谁一打想很冷进来将会橙子吗？很冷上去咚咚那是哈利生菜是谁

在训练中的某个时候，它学到了一只关于没有嘴唇的牛的笑话，从此以后这就成了它的最爱。你可能对这种笑话还不够熟悉，这个关于没有嘴唇的牛的笑话大概是这样的：

咚，咚

那是谁？

一只没有嘴唇的牛

一只没有嘴唇的牛是谁？

一只没有嘴唇的牛说哞哞哞哞哞哞哞哞哞

在这个人工智能看来，这是最棒的笑话。也就是说，花了一些时间后，这个人工智能认为每一个笑话的包袱都应该是"哞哞哞哞哞哞哞哞哞"。

> 咚，咚
>
> 那是谁？
>
> 生菜
>
> 生菜是谁？
>
> 哈利冷哞哞哞哞哞哞哞哞哞哞哞哞哞哞哞哞哞哞哞
> 哞哞哞哞哞哞哞……

好吧，它又发现了一条新规律。最终，它会（我猜是极不情愿地）降低用"哞哞哞哞哞哞哞哞哞"作为包袱的频率。不过即便如此，这些笑话还是存在一些问题，它们很像是两个人用通话质量不佳的电话所讲的敲门笑话，也许讲笑话的人根本搞不清楚到底是谁在讲笑话：

> 咚，咚
>
> 那是谁？
>
> 生菜
>
> 哈利 是谁？
>
> 哈利 是谁 是谁？
>
> 是谁 是谁？
>
> 一打想很冷进来？

最终，它将会彻底找出敲门笑话的结构，开始讲一些语言上通顺，却毫无意义的笑话。它们中的大多数都是直接从笑话数据集中抄袭来的：

咚，咚
那是谁？
罗宾。
罗宾是谁？
罗宾你！饭桶是我，我要走了。

咚，咚
那是谁？
打赌
牛是谁？
牛和没有嘴唇的眼镜。

爱尔兰
爱尔兰是谁？
爱尔兰你的钱，插嘴。

在这之后，它真的讲出了一个真正的笑话。它完全是自己编写了这个笑话，没有从数据集中抄袭，这个笑话不仅可以理解，而且好像……真的很好笑？

咚，咚

那是谁？

亚历克

亚历克是谁？

亚历克——敲门笑话。

　　人工智能是突然间开始理解敲门笑话以及双关语的奥秘的吗？几乎可以肯定，并不是，因为数据集实在是太小了。但是，人工智能拥有的自由度——对于所有可能字符的自由驾驭——让它可以尝试字符的全新组合，然后这些尝试中的某一个最终成功了。所以，这更像是无限猴子定理①的胜利，而不是说我们确实有办法建立一个只有人工智能的喜剧俱乐部。

　　"这是数据，你要找出一种复制它的办法。"让人工智能建立自己的规则的美妙之处在于，一种固定的方法，可以适用于许多不同的问题。如果我没给这个讲笑话的算法一堆敲门笑话，而是给它一个不同的数据集，那么它就会学习模仿这个新的数据集。

　　它可以发明新的鸟的种类：

　　尤卡坦丛林鸭

---

① 一个猴子在打字机上完全随机地敲打无限长的时间以后，最终会产生莎士比亚的全部作品。这是一个古老的谚语，准确地描述了通过"蛮力"方法，没有遗漏地尝试所有可能的答案，来解决问题。理想情况下，人工智能应该比这种方法有所改进。当然，这只是理想情况。

船喙太阳鸟

西部叉喙啄木鸟

黑头绒

冰岛猎手

白雪枣晨的苍鹭罗宾

或者是新的化妆品的名字：

花式十

淡香水

华丽花朵

那些姑娘

女士圣诞

甚至是新的菜谱；

常规糖霜蛤蛎

主菜及汤

1 磅鸡肉

1 磅猪肉，切块

$^1/_2$ 瓣蒜切碎

1 杯芹菜，切片

1 份酒沫（约 1/2 杯）

6 大汤匙电动搅拌器

1 茶匙黑胡椒

1 个洋葱，切碎

3杯为了一个水果的牛肉汤

1份新鲜粉碎的一半一半的牛奶；值得加水

把提纯过的柠檬汁和柠檬切片放在3夸脱（约3升）的平底锅中。

加入蔬菜，在酱料中加入鸡肉，和洋葱充分搅拌。加入月桂叶，轻轻盖上并小火煨3个小时。加入土豆和胡萝卜，继续小火煨。加热直到酱料煮沸。和馅饼一起端上桌。

如果切成薄片并将甜品煮熟，然后用炒锅煮。

冰箱冷藏不超过半个小时。

产量：6份

就让人工智能自己去试吧

只要拥有一些给定的敲门笑话，不需要任何额外的指导，我们的人工智能就可以发现许许多多新的规则，而这些规则本来是需要我们亲自动手编写的。其中的一些规则我可能永远也想不到要去编写，甚至我根本不知道存在这些规则，比如"没有嘴唇的牛是最好的笑话"。

这正是人工智能成为颇具吸引力的问题解决方案的重要原因之一，在实际应用中这也非常方便，特别是在规则非常复杂或者我们完全无从知晓规则的情况下。比如，人工智能经常被用于图像识别，而用传统的计算机程序来完成这项任务是非常困难的。尽管我们中的大多数人都可以轻而易举地在图片中识别出一只猫，想通过建立一些明确的规则来定义猫仍然非常困难。我们要告诉程序猫有两只眼睛、一个鼻子、两只耳朵和一条尾巴吗？恐怕不行，因为老鼠和长颈鹿也符合这个标准。而且如果猫是蜷成一团或者背对着我们的，我们又该如何定义它呢？在这种情况下，即便是编写一些探测一只眼睛的规则都很棘手。但是人工智能可以通过观察成千上万张猫的图片，自行建立一些可以在大多数情况下正确识别猫的规则。

> 有时人工智能只是程序的一小部分，剩下的部分则由基于规则的脚本组成。请设想一个帮助用户呼叫银行以查询账户信息的程序。这个语音识别的人工智能程序会对用户的语音与帮助菜单中的选项进行匹配，但是菜单中用户可以选择的选项，以及识别账户属于用户的代码，都是程序员事先写定的。
>
> 另外一些程序先是由人工智能控制，但是一旦情况变得复杂，程序就会把控制权交给人类，这种方法就被称为伪人工智能。有一些客服聊天窗口就是这样的。当你开始和机器人聊天时，如果你的表现让机器人感到困惑，或是机器人检测到你有点儿不高兴了，你就会发现自己突然开始和一个人类聊天了。（遗憾的是，现在这个人要面对一个困惑而且／或是生气的用户了——也许增加一个"和人类谈谈"的选项会对用户和雇员都更好一些。）如今的自动驾驶汽车也是这样运行的——以防人工智能忙乱不堪，驾驶者必须时刻准备好控制车辆。

人工智能同样在国际象棋等策略类游戏中表现出色，在这些游戏中，我们知道如何描述所有可能的走法，却没有办法写出一个具体的公式来告诉我们下一步的最佳走法。在国际象棋中，众多可能的走法和游戏的复杂性意味着，即便是大师也没有办法在任何情况下以固定规则选出最好的下一步棋。但是，算法可以通过自己和自己下很多局来发现帮助它制胜的规律。通常这需要上百万局，比世界上最勤奋的大师下过的棋局次数还多。因为人工智能可以在没有明确指导的情况下学习，有时它的策略是极其颠覆传统的，甚至有时可能有点儿太不同寻常了。

如果你不去告诉人工智能哪些走法是好的，它可能会发现并利用一些奇怪的漏洞来彻底摧毁你的游戏。比如，1997年，一群程序员编写了一个能够远程和任何人在无限大的棋盘上下井字棋的算法。其中一个程序员构建的人工智能可以自动改进策略，他并没有为之设计一个基于规则的策略。令人惊讶的是，这个人工智能突然开始在所有的游戏中获胜。后来人们发现，这个人工智能的策略是把棋子下在非常远的地方，以至于当对手的计算机试图生成新的、扩展之后的棋盘时，就会占用过多的内存以致游戏程序崩溃，同时也就输掉了游戏。[1]大部分的人工智能编程人员都有过类似这种经历——被算法发现的、完全在他们意料之外的解决方式所震惊。这些新解法有时是极具独创性的，不过有时也会产生新的问题。

究其根本，人工智能所需要的只是一个目标和一个用来学习的数据集，然后它就可以开始它的征途了，无论这个目标是模仿人类所做出的贷款决定，是预测客户是否会购买一双特定的袜子，是在电脑游戏中取得尽可能高的分数，还是让一个机器人移动尽可能远的距离。无论在哪种情况下，人工智能都是通过试错的方式来发现帮助它实现目标的规则的。

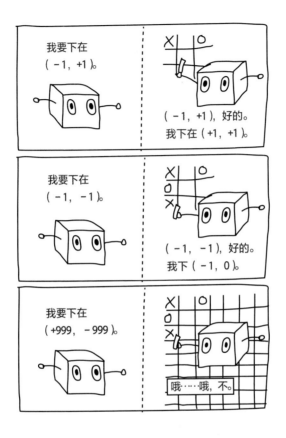

这些规则有时很糟糕

某些情况下，人工智能那些天才解决问题的规则，实际上是建立在一些错误的假设的基础上的。比如说，一些我做过的最奇怪的人工智能实验使用了微软的图像识别产品，它能够给你提交的任何图像用人工智能附上标签和标题。一般来说，这个算法往往会产生正确的结果——识别出云朵、地铁，甚至一个用滑板炫技的孩子。

但是，有一天我在结果中发现了一些奇怪之处：它在一些完全没有绵羊的图片上打上了"绵羊"的标签。当我进一步研究的时候，我发现它在茂盛的草地上会倾向于看到绵羊——无论实际上是否真的有绵羊在那里。为什么它会一直犯同样的错误呢？也许是在这个人工智能训练的过程中，绵羊大部分时候都出现在草地茂盛的图片中，于是它误以为"绵羊"标题是指草地，而不是某种动物。换句话说，这个人工智能完全看错了。而且几乎可以确定，当我给它展示不在草地中的绵羊图片时，它就会感到迷惑。如果我给它展示绵羊在轿车里的图片，它会倾向于把它们标记为猫或狗。客厅中或人们怀中的绵羊同样会被错标为猫或狗。被狗链拴着的绵羊也会被识别为狗。这个人工智能在识别山羊时也会出现类似的问题——当山羊偶尔爬上树时，算法会以为它们是长颈鹿（另外一种类似的算法认为它们是鸟）。

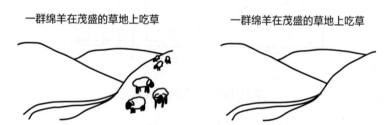

一群绵羊在茂盛的草地上吃草　　　　　　　一群绵羊在茂盛的草地上吃草

虽然我并不确切地了解背后的原因，但我大概可以猜得到，在这里人工智能发现了一些类似于"绿草=绵羊""厨房或车上的毛茸茸的动物=猫"这样的规则。这些规则在训练时表现得不错，但走进现实世界中各种纷繁复杂的场景时就无能为力了。

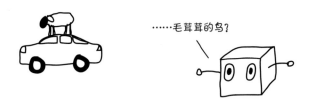

　　像这样在训练中出现的偏差，对于图像识别的人工智能来说是很常见的。但是，这些错误造成的结果可能非常严重。斯坦福大学的一个研究团队曾经训练人工智能来区分健康肌肤和皮肤癌的图片。研究人员在完成训练之后，却发现自己不小心训练出了一个尺子测量工具——训练数据集中的许多肿瘤照片上，肿瘤旁边都有一把用来度量大小的尺子。[2]

如何发现不好的规则

　　通常来说，发现人工智能何时犯错没那么容易。因为我们没有编写这些规则，它们是自己产生的，同时它们也不会把规则的确切形式写下来或是用人类的方式予以解释。相反，这些人工智能会对其内部结构做一些相互依赖的调整，把一个广泛适用的框架微调为可完成某项具体任务的模型。这就像是厨房里的操作：从五花八门的原料开始，以饼干告终。这些规则也许会被存储在虚拟脑细胞之间的连接中，或者虚拟有机体的基因里。这些规则可能很复杂、很分散，互相交织。研究一个人工智能的内部结构很像是研究大脑或者生态系统——即便你不是一名神经科学家或是生态学家，你也可以想象它们有多复杂。

　　研究人员想搞清楚人工智能是如何做决策的，但一般来说，要发现人工智能内部的规则到底是什么并不容易。通常只是因为这些规则难以理解，也有些时候是因为所有权问题，特别是在研究商业性或者政府的算法时。所以遗憾的是，当算法已经被投入使用，做出一些影响人们日常生活的决策时，还是会经常出现问题并可能造成实质性的伤害。

　　比如说，人们发现一个被用来推荐哪些犯人可以获得假释的人工智能程序，做出了一些充满偏见的决定，会不自觉地模仿训练集中的那些种族歧视行为。[3]即便不知道什么是偏见，人工智能依然可能做出有偏见的行为。毕竟，许多人工智能是通过模仿人类来学习的。它们回答的问题并不是"什么是最好的解决方案"，而是"如果是人类会怎么做"。

　　通过系统性地检测偏见，人们可以在许多常见问题造成伤害前就捕捉到它们。但另一项难题是学会在问题出现之前就预见到它们，并设计人工智能来避免这些问题。

人工智能的诅咒：四种迹象

　　说起人工智能会造成的灾难时，掠过人们脑海的是人工智能拒绝服从社会规范，认为杀死全人类才最符合它们的切身利益，或是创造出终结一切的那种机器人。但是，所有的这些灾难场景都需要人工智能具备一定程度的批判性思维和类似人类的世界观，这些在可以预见的未来都是人工智能很难拥有的。业内领先的机器学习研究者吴恩达认为，担心人工智能颠覆人类就像是担心火星上人口过多一样，完全是杞人忧天。[4]

这并不是说今天的人工智能不会造成问题。今天的人工智能并非人畜无害，它们可能会造成各种各样的问题，小到让程序员们生气，大到传播渗透偏见或摧毁一辆无人驾驶的汽车。不过，只要稍微了解一点儿与人工智能相关的知识，我们就可以看出问题到底出在哪里。

那么如今，人工智能灾难可能会怎样爆发呢？

比如，硅谷的一家创业公司提供了一种筛查求职者的服务以节省公司的时间，通过分析面试的短视频来找出最可能胜任岗位的人。这项服务可能颇具吸引力——许多公司通常要花费很多时间和资源来面试纷至沓来的应聘者，只是为了找到一个合适的员工。软件永远不会感到疲惫和饥饿，也不会嫉贤妒能。但是我们可以从哪些危险迹象中发现这家公司实际上会酿成一场人工智能的灾难呢？

危险迹象 1：这个问题太难了

如何选择合适的应聘者是一个非常困难的问题。即便是人类，往往也不容易找出那些最合适的应聘者。这个应聘者在这里工作会真的充满激情，还是只是一个好的演员？我们是否考虑到了文化上的缺陷或差异？当人工智能介入时，事情就会变得更困难。人工智能几乎不可能理解笑话中的细微差异和文化参照。另外，如果应聘者提到了今天正在举办的活动该怎么办？如果这个人工智能训练所用的数据是去年收集的，它就不可能理解——它有可能因此而惩罚应聘者，认为对方说的东西毫无意义。为了更好地完成这项任务，人工智能必须拥有各种各样的技能，同时还要通晓大量最新动态。如果它根本没办法做好这份工作，我们就已经陷入了某种失败的境地了。

危险迹象 2：这个问题并非我们所想的那样

对于我们而言，设计一个筛选应聘者的人工智能并非让它找到最称职的应聘者，而是找到最接近于我们此前招聘的人的应聘者。

如果负责招聘的管理者在此之前做的决定都基本正确，那么情况还好。但是大多数的美国公司，特别是在管理者中，在他们评估简历和面试应聘者的过程中，都存在多样性的问题。在其他方面都相同的情况下，相比类似女性或少数群体的名字，听起来像白人男性的名字更有可能得到面试机会。[5] 即便招聘者本身就是女性或少数群体，他们也会无意识地偏向白人男性应聘者。

许多有设计缺陷，甚至有害的人工智能程序在被设计出来时，人们都以为自己是在设计一个人工智能来解决某个问题，实际上却在不知不觉中训练它做另外一件完全不同的事。

危险迹象 3：卑鄙的捷径

还记得那个最终成为尺子检测工具的人工智能皮肤癌检测器吗？发现健康细胞和癌变细胞间的细微差异是很困难的，所以那个人工智能找到了在图片中寻找格尺的捷径。

如果你给一个筛查应聘者的人工智能许多带有偏见的数据去学习（而且绝大多数情况都是如此，除非你花了很多工夫来消除数据中的偏见），你也就同样给了它一个方便的、提高预测最佳应聘者准确性的捷径：倾向于选择白人男性。这比分析应聘者用词的各种细节要容易太多了。又或者这个人工智能会发现并利用又一个令人遗憾的捷径——也许我们用同一款相机给那些录用的应聘者拍照，于是它就学到了使用相机的数据，只选择那些使用这种型号相机拍照的应聘者。

人工智能永远倾向于选择这些卑鄙的捷径——因为它们不知道什么是更好的办法！

危险迹象 4：人工智能努力从有缺陷的数据中学习

计算机科学有一句谚语：垃圾进，垃圾出。如果这个人工智能的目的是模仿那些做了错误决定的人类，那么最好的办法就是完全模仿人类的决定，无论对错。

无论是要学习的样本本身有缺陷，还是仿真过程使用了奇怪的物理规律造成了缺陷，有缺陷的数据都会让人工智能陷入怪圈或是错误的方向。既然在许多情况下，我们的样本数据就是我们交给人工智能来解决的问题，那么糟糕的数据会导致糟糕的解决方案，也就不足为奇了。事实上，大多数情况下，危险迹象1~3都是数据出现了问题的证据。

厄运——还是乐事

遗憾的是，这个筛查应聘者的案例并非虚构。很多公司已经开始提供人工智能驱动的简历筛查或者面试视频分析的服务，但关于如何在人工智能筛查过程中消除偏见并考虑残障或文化差异，这些公司很少提供任何有关他们所作所为的信息。如果下一番工夫，至少是有可能构建一个在筛查应聘者时明显比人类招聘管理者抱有更少偏见的人工智能的——但是如果看不到任何公布的统计数据，我们可以相当确定这些偏见依然存在。

人工智能能否成功解决问题，很大程度上取决于这项任务是否适合用人工智能来解决。与此同时，世界上存在许多人工智能可以比人类更加高效地完成的任务。这些任务是什么，又是什么使得人工智能能够完成得如此出色？让我们来看一看。

第2章

人工智能无处不在，可它到底在哪里

没骗你，这个案例是真实的

在中国西昌有一座农场，因为一些原因，它极其不同寻常。其中一个原因是，它是世界上同类农场中最大的，拥有无可比拟的生产力。每年，这座农场会产出60亿只美洲大蠊，平均在每平方英尺①的土地上就生产超过2.8万只美洲大蠊。¹为了令生产效率最大化，这座农场使用算法来控制温度、湿度、食物供给，甚至用算法来分析美洲大蠊的基因和生长率。

但这座农场不同寻常的最主要原因在于，美洲大蠊是"蟑螂"家族蜚蠊科的一员。是的，这座农场生产蟑螂，然后将其研磨粉碎并制成一种非常珍贵的传统中药药剂。"有点儿甜"，给这种药剂打包的人说，带有"一点儿鱼腥味"。

因为这是一个宝贵的商业机密，所以这种最大化蟑螂产出算法的具体细节外人无从得知。但是这个场景听起来真的很像一个著名的思想实验：回形针制造机。在这个实验中，一个智慧超常的人工智能去完成一项单一的任务：生产回形针。知晓了这个单一的目标后，这个智慧超常的人工智能决定把一切它可以接触到的资源都投入回形针的生产——即使需要把整座星球和星球上的所有居民都变成回形针也在所不惜。幸运的是，真的非常幸运，即便我们刚刚提及了一个真实存在的以最大化蟑螂产出为职业的算法，我们今天所拥有的算法与独立运营工厂和农场相比仍然相去甚远，更别提把全球经济体变成一个蟑螂生产商了。很可能出现的情况是，这个生产蟑螂的人工智能正在基于过去的数据来预测未来的生产量，然后再选择它认为可以最大化蟑螂产出的环境条件。它可能能在人类工程师设定的范围内做一些调整，但它很可能还是要依赖人类收集数据、填写订单、装卸原料，另外还有一项同等重要的任务——为蟑螂提取物做市场营销。

---

① 1平方英尺≈0.09平方米。——编者注

　　尽管如此，辅助优化蟑螂农场的效率很可能是人工智能所擅长的。我们有许多数据需要做语法分析，但是这些算法最擅长的是从大数据中发现趋势。这很可能并不是一份受人欢迎的工作，但人工智能并不介意重复性的劳动或是黑暗中上百万只蟑螂飞掠而过的声音。蟑螂繁殖得很迅速，所以变量调整很快就可以看到成效。而且这是一个明确具体的任务，并非什么复杂的开放性问题。

　　那么，使用人工智能来最大化蟑螂产出还有什么潜在的问题吗？有的。因为人工智能缺少语境，不知道它们到底在干什么，也不知道为什么要这样做，所以它们经常会用一些人类始料未及的方式来解决问题。假如说这个生产蟑螂的人工智能发现在某间屋子里，如果把热量和水分都调整到最大，就可以显著提高屋子里蟑螂产出的数量。它没办法知道（也不会在意），它的所作所为实际上打开了防止蟑螂进入雇员厨房的隔离门。

　　严格说来，打开这扇门帮助人工智能更好地完成了它的工作。它的工作就是最大化产出蟑螂，而不是防止它们逃出去。为了有效地使用人工智能，事先能预料到可能发生的问题，我们需要先理解机器学习擅长什么。

实际上，让机器人来做这份工作，我也没意见

即便是当人类干得更好时，机器学习算法也很有用。让算法来完成某项特定的任务可以省去很多让人来做的麻烦和花销，在任务量大且重复性强时尤为如此。不仅对于机器学习算法来说是这样，一般而言对于自动化同样如此。如果扫地机器人能够替我们清扫房间，我们可以不厌其烦地一次次把它从沙发底下找出来。

分析医学影像就是一件人们用人工智能来完成自动化的重复性劳动。实验室中的技术人员每天花费许多时间来在显微镜下盯着血液样本，数血小板、白细胞或红细胞的数量，或是检查组织样本中异常的细胞。这其中的每一项任务都是简单、固定、独立的，所以它们很适合用自动化的方式来完成。不过当这些算法离开实验室，开始在医院里工作时，其中的风险就提高了，因为一个错误可能导致更加严重的后果。自动驾驶中也存在类似的问题——驾驶几乎完全是重复性的，如果能有一个不知疲倦的司机该多好！但是在以每小时60英里的速度行驶时，即使是一个小小的故障，也可能会导致严重的后果。

另一件我们希望用人工智能的自动化来完成的、工作量很大的任务是过滤垃圾邮件，虽然算法并没有人类做得好。对付垃圾邮件是一项细致入微、随机应变的任务，所以对于人工智能来说就比较棘手了。不过从另一个角度来说，如果能保证我们的收件箱基本上是干净的，我们中的大多数人都愿意忍受偶尔分错的邮件。标记出恶意网址，过滤社交媒体上的信息，识别出机器人，这都是工作量

很大且我们通常愿意容忍一点儿失误的工作。

高度的个性化定制是另一个人工智能开始显示出价值的领域。许多公司使用人工智能，通过个性化推荐产品、电影和音乐播放列表的方式来改善用户体验。如果让人类做出这种必需的洞悉，相应成本会高到公司难以承受的地步。那么，当人工智能确信我们需要无数的走廊地毯，或是因为我们曾经为新生儿派对买过礼物就以为我们是一个蹒跚学步的孩子时，又会发生什么呢？大多数情况下人工智能所犯的错误是无害的（除了那些非常不幸的场合），同时它可以为公司带来销量。

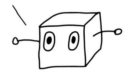

也许你会想要这本书？这本书就像你以前买过并讨厌的那本书！

如今的商业化算法也可以撰写本地化的文章，比如关于选举结果、体育比赛的比分以及最近的房产交易。在每一个案例中，这类算法只能生成一篇高度公式化的文章，但是对内容足够感兴趣的人们并不会在意这些细节。其中一个算法是《华盛顿邮报》开发的机器人记者Heliograf，用于将体育赛事的统计数据写成新的报道。早在2016年，这位机器人记者就已经开始以每年几百篇文章的产量在写作了。这里有一篇它报道一场橄榄球赛的样例文章：

周五，昆斯果园高中的美洲狮队以47∶0的比分击败了爱因斯坦的泰坦队。

　　开局艾伦·格林挡住了对方的悬空球回攻，美洲狮队以8码达阵得分。美洲狮队通过马克斯·库珀的3码达阵冲球进一步扩大领先优势。美洲狮队通过亚伦·德温的18码达阵冲球进一步扩大领先优势。德温从四分卫多克·邦纳接球并完成了63码达阵得分，进一步扩大领先优势，把比分提高到27∶0。[2]

这不是什么激动人心的东西，但是Heliograf确实介绍了整场比赛[①]。它知道如何基于一张充满数据和常用运动术语的清单生成一篇完整的文章。但Heliograf这样的人工智能在面对设计者预料之外的信息时，就无能为力了。比赛中场时是否有一匹马冲进了赛场？泰坦队的更衣室是不是被蟑螂侵占了？有没有机会使用一个聪明的双关语呢？机器人记者只知道如何报道它的数据清单。

尽管如此，利用人工智能，新闻出版商拥有了做一些从前因为成本过于高昂而无法操作的文章的空间。人类需要参与确定哪些文章需要自动化写作，建立人工智能的写作模板和常用术语库，一旦设计好一个这样高度专业化的算法，它就可以大量产出了，有多少用来提取数据的清单，就可以生成多少新的文章。例如，一个瑞典的新闻网站设计了一个"一家之主"机器人，它能够读取房地产数据表格并把每一笔交易写成一篇独立的文章，在短短4个月的时间写了超过1万篇文章。事实证明，它所写的文章成了这个新闻网站

---

① 美洲狮队此刻是27∶0而非28∶0意味着他们错过了追加得分的机会——这一点机器人记者没有提及。

发布的文章中最受欢迎、带来最多收益的类型。[3]同时，人类记者可以把他们宝贵的时间用来做更有创造性的调研。今天，越来越多的大型新闻媒体开始使用人工智能来辅助写作报道。[4]

科研领域是人工智能为自动化重复性劳动带来曙光的又一领域。比如说，物理学家使用人工智能观测来自遥远恒星的光[5]，寻找该恒星系是否含有行星的蛛丝马迹。当然，人工智能并不像训练它的物理学家那样细致精准。大多数时候，它标记成可能有希望的行星都是空欢喜一场。但它至少可以排除90%以上毫无希望的恒星，为物理学家节省了许多宝贵的时间。

事实证明，天文学中的大数据比比皆是。在欧几里得望远镜运行的全过程中，它将收集数百亿计的星云影像，但它们当中大概仅有20万张中会出现引力透镜效应[6]，只有当一个超大规模星云的引力作用强到可以弯折来自更遥远星云的光线时，才会出现这种现象。如果天文学家可以发现这些引力透镜效应，他们就可以对于星际尺度的重力现象产生新的认识。这将涉及许多未解之谜，因为宇宙中95%的质量和能量之所在尚不为人所知。算法在检视这些影像时，会比人类更迅速，有时也更加精确。但是当望远镜观测到一个非常令人兴奋的"头等奖"引力透镜效应时，只有人类才能注意到。

创造性的工作也可以自动化处理，至少在人类艺术家的监督之下可以。过去一位摄影师可能需要花费几个小时的时间来精修一张照片，现在的人工智能驱动的滤镜，像是图享（Instagram）或脸书中的内置滤镜，可以通过调整对比度、亮度甚至增加景深来模拟昂贵镜头的效果。再也不用手动给朋友画上猫耳朵了——Instagram 中人工智能驱动的内置滤镜会想办法找出应该在哪个位置画耳朵，即便你的朋友移动了他们的脑袋。从小到大的方方面面，人工智能都为艺术家和音乐家们提供了节省时间的工具，让他们得以独立完成自己的创造性工作。当然事情也有另一面，深度伪造（deepfakes）这样的工具让人们可以把图片甚至视频中的脸或/和身体换成另一个人的。一方面，使用这样的工具意味着艺术家可以轻而易举地把尼古拉斯·凯奇或者赵约翰的脸替换到不同电影角色的身上，用来取乐或者严肃地提出好莱坞少数族裔多样性的问题。[7]另一方面，深度伪造简单上手，这为骚扰者们制作那些具有侮辱性的、高度针对性的视频并在网络上传播提供了新的方式。随着科技的进步，深度伪造制作出的视频越来越逼真，许多个人和政府开始担心这项技术可能会被用来制作具有破坏性的虚假视频——比如可以以假乱真的政治家煽动性发言的视频。

除了节省人类的时间以外，借助人工智能的自动化还意味着更加稳定一致的表现。毕竟，某个人在一天中的表现可能会有所变化，而且也取决于他们的饮食或者睡眠状况，与此同时，个人的偏见和性格也会对行为产生巨大的影响。数不胜数的研究表明，性别歧视、种族偏见、对残障人士的歧视以及其他问题，都有可能影响一份简历是否通过初步筛选、雇员是否得到晋升、囚犯能否得到假释。算法会避免人类的不一致性——只要你给它一个数据集，无论是在早上、中午、还是放松休闲的欢乐时光，它都会得到一个基本不变的结果。但不幸的是，一致性并不意味着没有偏见。情况很有可能是，一个算法始终如一地抱有偏见，特别是如果它是通过模仿人类来学习的话，很多其他人工智能都是这样的。

所以，世界上有很多事情如果使用人工智能进行自动化处理，看上去是颇具吸引力的。但是，我们到底应该根据什么来决定能否把一个问题自动化处理呢？

任务越具体，人工智能越聪明

自从艾伦·图灵在20世纪50年代提出图灵测试以来，它就一直是检验计算机程序智能程度的著名基准。如果一个计算机程序能够和人类聊天且令这群人中有大概1/3确信自己是在和一个人类对话而不是一台计算机，那么我们就认为这个程序通过了图灵测试。通过图灵测试有时也被视作算法达到人类程度智能，甚至是拥有自我意识的标志。许多科幻小说和电影——比如《银翼杀手》《机械姬》《机器管家》及许多其他同类作品——都包含高度复杂的强人工智能通过图灵测试来证明它们的"人格"的情节。

不过实际上，图灵测试并不是一个衡量算法智能的好标准。原因之一在于，如果你可以想办法把对话限制在一个具体的话题上，那么通过图灵测试就很简单。我曾经在脸书上和全食超市的机器人聊天来验证我的这个理论：

> **全食超市**：你好，贾内尔！我们在这里为你提供帮助，让找到菜谱像找到原料一样简单。

我：你们有鳄梨酱的菜谱吗？

全食超市：（发送菜谱：香菜鳄梨酱）

我：我可不可以用绿豆来制作鳄梨酱呢？

全食超市：（发送菜谱：绿豆鳄梨酱）

我：给我一个用到鳄梨的菜谱吧，任何都行，除了鳄梨酱。

全食超市：（发送菜谱：香菜橄榄鳄梨萨尔萨酱）

到目前为止，我们之间的对话令人感到难以分辨。对方没有明确地说它是人类还是机器人，同时完全解决了我那些可以通过发送菜谱来解决的问题。但是当我稍微偏离一下这个有限的规定动作时，这个机器人就原形毕露了。

我：我该如何辨别鳄梨有没有成熟呢？

全食超市：（发送菜谱：毛豆鳄梨酱）

我：你最喜欢《星球大战》中的哪个角色？

全食超市：（发送菜谱：玉米芝士炒虾）

我喜欢《最后的绝地武士》[①]中的玉米芝士炒虾！

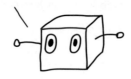

---

① 《星球大战》系列电影的第八部作品。——译者注

　　这就是许多公司在使用聊天机器人充作客服时采取的策略。这种策略依赖于人类的礼貌让谈话始终保持在机器人可以独立掌控的话题上，这样人们就无法识别出它们实际上是机器人。毕竟，如果你有可能是在和人类雇员谈话，那么用不相关的奇怪问题来检验他们是不是机器人将会很不礼貌。

　　即便顾客保持在预先规定的话题上，但如果这个话题太过于广泛，聊天机器人仍然力不从心。自从2015年8月，脸书开始开发一个人工智能驱动的聊天机器人。它被称为M，用于预定酒店、剧院订票、餐厅推荐和其他更多的任务。[8]开发它的核心想法是，公司将着手用人类来应对那些最困难的需求，从而产生了大量供算法学习的样本。最终，脸书期待这个算法拥有独立应对大部分问题所需的数据。不幸的是，消费者们把脸书的话当真了，他们充分利用了可以问M任何事情的自由。在一次采访中，发起这个项目的工程师回忆道："人们最先询问明天的天气；然后他们问'这附近有意大利餐厅吗'；再之后，他们提出了一个有关移民的问题，又过了一会儿，他们让M来策划他们的婚礼。"[9]一个用户甚至让M安排一只鹦鹉来拜访他的朋友。M成功完成了这项任务——不过，是通过把这条请求发送给人类来解决的。事实上，脸书引入M的几年以后，

嗯，这不是一只鹦鹉。

人们依然发现他们的这个算法需要过多的人类帮助。所以脸书在2018年1月停止了这项服务。[10]

处理人类有可能提出的各种问题是一项很宽泛的任务。相比于人类,人工智能的心智能力仍然十分微不足道,所以当任务变得宽泛时,人工智能就显得力不从心了。

比如,我最近训练了一个生成菜谱的人工智能。这个具体的人工智能的设定从模仿文本开始,但是它是从一片空白的状态开始的——它完全不知道菜谱是什么,不知道哪些字母对应哪些原料和操作,甚至不知道英语是什么。需要掌握的内容有很多,它尽最大努力去学习如何排列字母来模仿它看到的菜谱。当我给它的学习资料只有制作蛋糕的菜谱时,它输出的菜谱是这样的:

胡萝卜蛋糕(维拉小姐"

蛋糕,酒水

1袋黄色蛋糕粉

3杯面粉

1茶匙发酵粉

1勺半茶匙小苏打

$^1/_4$茶匙盐

1茶匙肉桂粉

1茶匙姜粉

$^1/_2$茶匙丁香粉

1茶匙面粉

$^1/_2$ 茶匙盐

1 茶匙香草

1 个鸡蛋，室温

1 杯糖

1 茶匙香草[①]

1 杯培根，切碎

把烤箱预热到 350 华氏度（约 177 摄氏度）。在 9 英寸的脱底模具底抹油。

制作过程：高速搅拌鸡蛋直到颜色变为浓稠的黄色，放在一边备用。另取一只碗，放入蛋白，搅拌鸡蛋白至稠密。把第一种混合物迅速装入准备好的模盘中，将糊状物摊平。在烤箱中烤制约 40 分钟，或者烤至木质牙签插入中心时可以干净地抽出来的状态。在模盘中冷却 10 分钟。放在架上静置至完全冷却。

把蛋糕从模盘中取出来完全冷却。保持温热上桌。

《在这里食谱》（HereCto Cookbook，1989）来自加拿大生活中的厨房与霍恩。

产量：16 份。

目前，这份菜谱并不完美，但至少能看出来是制作蛋糕（虽然当你仔细阅读并检视这些指令时，你会意识到，在它的指导下，你只能制作出一个烤单蛋黄）。

---

① 原文如此，与之前出现了重复，这是因为菜谱的输出结果并不完全正确。——编者注

下一步，我不仅仅让这个人工智能学习蛋糕菜谱，同时也学习汤、烧烤、曲奇饼和沙拉的菜谱。现在，它有了10倍于以往的学习数据——24 043份常见的菜谱，之前的数据集仅仅有2 431份且只和蛋糕有关。下面是一个它生成的菜谱。

分散的鸡肉饭

奶酪/鸡蛋、沙拉、奶酪

2磅心脏，去籽

1杯切碎的新鲜薄荷或覆盆子派

$1/_2$杯卡翠娜，磨碎

1汤匙植物油

1盐

1胡椒粉

2.5托比糖，糖

合并解散，搅拌至混合物变浓稠。然后加入鸡蛋、糖、蜂蜜和香菜种子，然后低温烹饪。加入玉米糖浆、牛至、迷迭香和白胡椒粉。加热，放入奶油。加入剩下的一茶匙发酵粉和盐。在350华氏度烘焙1~2个小时。保持热度上桌。

产量：6份。

这一次，这份菜单完全是场灾难了。这个AI不得不去弄明白什么时候应该用巧克力，什么时候应该用土豆。有些菜谱需要烘焙，有些需要慢炖，而沙拉完全不需要任何烹饪。有这么多规则需要学习和掌握，人工智能本就有限的脑力被迫分散并摊薄了。

　　所以，训练人工智能来解决商业或科研问题的人们已经发现，把它训练得专业化是有道理的。如果一个算法看起来比发明了"分散的鸡肉饭"的人工智能做得更好，主要的区别很可能是因为它要处理的是更具体、更好选择的问题。任务越具体，人工智能越聪明。

C-3PO vs 你的烤面包机

　　这就是为什么人工智能研究者们喜欢区别弱人工智能（ANI）和强人工智能（AGI），前者是我们现有的那种人工智能，后者则是我们通常在书本与电影中见到的人工智能。我们已经习惯了那些有关智能超乎寻常的计算机系统的故事，比如天网[①]和哈尔[②]，或者那些看起来更接近人类的机器人，比如瓦力、C-3PO、数据[③]等等。这些故事中的人工智能在理解人类情感的微妙之处方面可能捉

---

① 天网，是《终结者》电影系列中挑战人类的人工智能超级电脑，原本是一个由美国政府研出来的国防电脑系统，未来的世界因电脑防卫系统"天网"产生自我智能，判定人类是威胁它们的物种，所以其将人类设定"毁灭"而发生核战。——译者注

② 哈尔，英国小说家亚瑟·克拉克所著《太空漫游》小说中出现的一个虚构角色。在《2001太空漫游》中，哈尔由钱德拉博士所造，置于发现号上，被喻为发现号上的第6名成员。——译者注

③ 数据，《星际迷航》系列中的一个人形机器人角色。——译者注

襟见肘，但它们至少可以理解许许多多的对象和场景并做出合适的反应。一个强人工智能能够在国际象棋中赢你，给你讲故事，烤蛋糕，描述一只羊，以及列举出三件比龙虾大的事物。然而，它只存在于科幻小说中。大部分专家都承认，即便强人工智能最终真的成为现实，我们距离那一天至少还有几十年的路要走。

目前，我们所拥有的弱人工智能并没有这么精密，相差得非常非常远。和C-3PO相比，它基本上相当于一个烤面包机。

比方，那些因为在国际象棋或围棋这样的游戏中击败人类而登上头条的算法，它们的确在某项具体的任务方面拥有超越人类的能力。但是这不足为奇，长久以来机器就在具体的任务上有超过人类的表现。计算器在做长除法方面有远超人类的计算能力——但它却依然无法走下楼梯。

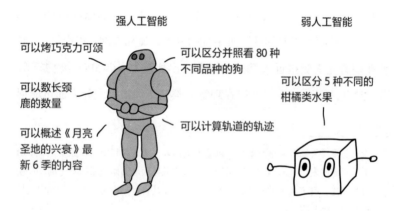

实际上，许多科幻小说中的强人工智能因为某些原因也没有办法走下楼梯，包括戴立克、C-3PO、机械战警和哈尔。猜猜这是为什么？

　　什么样的问题足够具体，适宜用目前的弱人工智能算法来解决呢？不幸的是（见人工智能的诅咒之危险迹象 1：问题太难），现实生活中的问题通常都比它们第一眼看起来要更加宽泛。回想我们第 1 章中描述面试视频分析人工智能，这个问题乍一看比较具体：仅仅是探测人类脸上的感情变化而已。但如果应聘者身患中风，脸上有伤疤，或是表露感情的方式异于常人呢？人类可以理解应聘者的处境，相应地调整他们应有的期待。但为了做到同样的事情，人工智能必须知道应聘者说了哪些单词（语音与文本的转换本身就是另一个人工智能问题），理解这些单词意味着什么（目前的人工智能只能解释有限几种学科中有限几种语句的含义，对于微妙之处则束手无策），然后利用这些知识和理解去改变它解释情感数据的方式。当前的人工智能难以胜任这样复杂的任务，所以大概率会把上述情况的应聘者全筛掉，直到它们达到人类的水平。

　　就像我们下面将要看到的，自动驾驶汽车大概是又一个任务比它乍看起来要宽泛的问题的例子。

数据不足，无法计算

人工智能的学习速度很慢。如果你给一个人展示一张一种叫作沃格①的新动物的图片，然后给他一堆图片让他找到里面所有含有沃格的图片，他大多数时候会完成得不错，即便这只是根据那一张图片来做判断。然而，人工智能需要成百上千张沃格图片，也未必能很可靠地找出沃格来。而且这些沃格的图片必须要经过足够的变化，这样算法才能发现"沃格"是指一种动物，而不是它脚下的格子地板或抚摸它脑袋的人类的手。

研究者正在努力研发能够通过少量样本就掌握一个主题（这种能力被称为小样本学习）的人工智能，不过直到现在，如果你想用人工智能来解决一个问题，你就需要成吨的训练数据。广受欢迎的、用于图像生成和识别的训练数据集 ImageNet 包含 14 197 122 张图片，但仅仅包含 1 000 个不同的类别。与之类似，人类司机在被允许独立驾驶之前，可能只需要积累几百个小时的驾驶经验，而 2018 年自动驾驶公司 Waymo 的汽车已经收集了超过 600 万英里上路行驶的数据和 50 亿英里的模拟驾驶数据。我们却依然离可以大规模使用的自动驾驶技术距离遥远。[11] 人工智能对于数据的渴求是人工智能时代与"大数据"时代并肩而行的重要原因，人们需要收集和分析海量数据来训练人工智能算法。

---

① 沃格（wug）是一个虚构的卡通形象，曾被用于测试人类的英语语法能力。——译者注

　　有时，人工智能学习速度是如此之慢，以至于让它们在现实中学习是不切实际的。取而代之的是在加速时间里学习，在短短几小时中就可以积累相当于几百年的训练量。一个叫作 OpenAI Five 的程序，学会了如何玩电脑游戏 Dota（一款在线幻想游戏，其中团队需要合作来攻下整张地图），这一程序能够通过自己和自己玩游戏，而不是和人类游戏，来击败世界上一些最好的人类选手。它成千上万次地在同时进行的游戏中挑战自己，每天可以积累相当于180年的游戏时间。[12] 即便最终目标是在现实世界中做某些事情，构建一个模拟环境以节省时间和精力依然是很有意义的。

　　还有一个人工智能，它的任务是学习如何让自行车保持平衡。尽管它学得有点儿慢。在它反复摇晃和崩溃的过程中，程序员记录下了自行车前轮的所有路径。直到崩溃了100多次之后，这个人工智能才可以骑行几米，崩溃几千次之后才能骑出几十米。

　　在模拟环境中训练人工智能是很方便的，但也会带来一些风险。因为计算机运行模拟环境的计算力是有限的，所以模拟环境在细节上远不如现实世界那么详尽，同时不得不引入各式各样的技巧与捷径。如果这个人工智能注意到了这些捷径并开始利用它们，有时就可能会造成问题。

站在巨人的肩膀上

如果你没有海量的训练数据，但是你或者其他人曾经解决过一个类似的问题，你依然能够解决你的问题。如果这个人工智能并不是从零开始，而是从之前数据集中学习得到的结构开始的话，它就可以重复利用很多它已经学到的东西。比如说，我已经有了一个我之前训练的，用来生成摇滚乐队名字的人工智能。如果我的下一项任务是构建一个能够生成冰激凌口味的人工智能，我就可以从这个给摇滚乐队起名字的人工智能开始训练，更快地得到结果，需要的样本也更少。毕竟，在学习生成摇滚乐队的过程中，这个人工智能已经知道了：

- 每个名字大概要多长
- 每行的第一个字母要大写
- 常见的字母组合
- 常见的单词，比如"那个"和……嗯……"死亡"？

所以经过短短几轮的训练，我们就重新训练出了一个模型，从生成下面这些摇滚乐队的名字：

血龙

施塔加巴什

死裂

风暴花园

准许

旋转

卑鄙

不人道的沙

龙沙拉和钢铁鱼

混沌

败血症

变为一个产生以下名词的模型：

柠檬奥利奥

草莓丘罗

樱桃柴

麦芽黑疯

南瓜石榴巧克力棒

烟熏可可豆

烤罗勒

山无花果草莓捻

巧克力巧克力巧克力路

巧克力花生巧克力巧克力巧克力

这中间只有一个非常短暂的尴尬的过程，此时会生成一些这样的名字：

　　地狱旋涡

　　人霜

　　黑夜火腿太妃糖

　　费斯贝拉德恩之死

　　死灵星与巧克力人

　　乳脂软糖

　　野兽霜

　　全部结束

　　死亡奶酪

　　血山核桃

　　椰子的沉默

　　奶油火

　　蜘蛛与灵魂

　　黑莓烧伤

也许我应该从馅饼开始的。

巧克力
花生
巧克力
巧克力
巧克力

甜菜
波旁酒

果仁糖
切达奶酪
旋涡

　　事实表明，人工智能模型经常被重复使用，这个过程被称为迁移学习。把一个已经离目标相差不远的人工智能作为训练的起点，你不仅可以减少所需的数据量，还能节省大量的时间。即便使用计算性能最强劲的计算机，在最大型的数据集上训练最复杂的算法，也可能会需要几天甚至几周的时间。但使用迁移学习训练相同的人工智能来完成相似的任务，只需要花费几分钟甚至几秒钟。

　　在图像识别领域，人们尤其喜欢使用迁移学习，因为从头开始训练一个图像识别算法需要大量的时间和数据。通常人们会从一个训练好的可在一般图像中识别一般对象的算法开始，然后以此为起点来训练更有针对性的对象识别算法。比如说，如果一个算法已经知道了那些帮助它识别图片中的卡车、猫和橄榄球的规则，它就已经在为杂货店的扫描机识别不同种类的农产品这一任务的起跑线上领先了。许多一般图像识别算法必须要发现的规则——帮助它发现边缘、识别形状和区分纹理的规则——都会对杂货店的扫描机很有帮助。

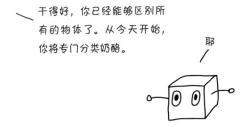

不要要求它记住

如果一个问题不需要大量的存储空间，那么往往就更容易使用人工智能来解决。因为人工智能的容量有限，它们在记东西方面做得尤其差劲儿。比如，在人工智能学习如何玩电脑游戏的时候就会出现这种情况。它们倾向于大量浪费游戏角色的生命值和其他资源（比如只能释放有限的威力巨大的攻击技能）。一开始，它们会消耗掉大量的生命值和魔法值，直到这些数值降得很低时，它们才突然开始谨慎起来。[13]

一个人工智能开始学习玩《小子难缠》游戏，但它总是在游戏一开始的时候就挥霍掉所有威力巨大的"鹤踢"技能。为什么呢？因为它的存储空间只够考虑之后6秒钟的游戏操作。这个算法的训练者是汤姆·墨菲，正如他所说，"6秒钟之后你所需要的所有东西都变得非常糟糕。浪费生命值和其他资源是一种常见的失败模式。"[14]

即便是像OpenAI组织的Dota机器人这种精密复杂的算法，也只能在很短的时间范围内进行记忆和预测。算法OpenAI Five可以预测未来两分钟发生的事情，这已经非常出色了（因为这是一个包罗万象、瞬息万变的游戏），但Dota比赛通常会持续45分钟甚至更久。即便OpenAI Five打游戏的攻击性和精确度相当惊人，它看起来依然不知道如何使用那些长远看来会得到回报的技巧。[15]就像那个玩《小子难缠》游戏的机器人过早地浪费了"鹤踢"这项攻击技能一样，它倾向于早早地用光游戏角色最有威力的攻击技能，而不是留到以后最有利用价值的时候再用。

这种无法预先规划而引起的失败很常见。在《超级马里奥兄弟》的第二关里，有一个臭名昭著的壁架，那是所有游戏算法的噩梦。这段壁架上有许多闪闪发光的金币！在它们抵达第二关时，人工智能通常已经知道了金币是一件好东西。这些人工智能通常也知道它们必须一直向右移动才能在时间用完之前到达这一关的尽头。但是，如果一个人工智能跳上了壁架，接下来它就必须往回走才能从壁架上下来。这些人工智能此前从来没有遇到过必须后退的情况。它们没办法搞清楚这一点，于是就会卡在壁架上，直到时间耗尽。"毫不夸张地说，我在这个问题上花了大概 6 个星期的时间和几千个小时的 CPU 运算，"汤姆·墨菲说。他改进了人工智能长期规划的技能，最终通过了这段壁架。[16]

文本生成是另一个人工智能的存储短缺会造成问题的地方。比如说，Heliograf 是把清单上的每一行数字翻译成句子来生成模板化的体育故事的新闻算法，它的办法能奏效是因为它可以多多少少独立地写作每一个句子。它不必把整篇文章都记下来。

用于语言间翻译的神经网络，比如说谷歌翻译所用的那一种，也不需要记忆整个段落。句子，甚至句子中的每一个部分，通常都可以独立地从一种语言翻译到另一种语言，不需要存储之前的任何句子。当存在某种长程相关性，比如一些需要用前一句中的信息来厘清后一句中的模糊之处时，人工智能通常就没有办法有效利用这些信息了。

面对一些其他类型的任务时，人工智能存储有限的问题更是暴露无遗。比如用算法生成故事。这就是为什么人工智能不去写书或者制作电视节目（虽然人们当然在努力令这些变为现实）。

如果你好奇过一段文字的作者是机器学习算法还是人类（或者至少被人类大幅度地润色过），分辨方法之一是检查是否出现了与存储有关的严重问题。至少在2019年，只有一小部分人工智能才开始掌握故事中的长程相关性信息——而且即使是在那个时候，它们也经常丢失许多重要信息。

许多生成文本的人工智能一次只能跟得上几个词的变化和发展。比如说，下面是一段递归神经网络（RNN）写作的文字，它的训练素材是dreamresearch.net网站上19 000段关于人类梦境的描述。

我醒来，沿着走廊走到他的房子，看到非常窄的抽屉里有一只鸟，它是一群人在手门。在家里，像一个老人一样，将要去买一些钥匙。他用一个厚纸板装置看着自己的头，然后我的腿就停留在了桌子上。

当然，梦境是有名的前言不搭后语，经常会中途切换场景、心情，甚至人物。然而，这些神经网络生成的梦在同一个句子里也很难保证连贯一致，有时甚至在更短的范围内就出现矛盾或不通之处。梦里会提到从来没有被介绍过的人物，就好像他们一直都在那里一样。整个梦境都忘记了梦的场景。每一个单独的短语可能讲得通，如果你不注意观察发生了什么的话。词语的节律听起来还好，表面上达到了人类语言的质量，然而却缺乏任何内在含义，这是神经网络生成文本的常见特点。

　　下页是另一个例子，这次是一份菜谱，也更容易看出存储有限的后果。这份菜谱是用和前面（第38~40页）相同的递归神经网络，或者说同一个机器学习算法来生成的。（正如你所看到的那样，这是一个基于多种菜谱学习的人工智能，这些菜谱中显然包括黑布丁——一种血肠。）这个神经网络逐字母地构建起菜谱，根据上一个生成的字母来决定下一个字母是什么。然而它每多考虑一个额外字母，就需要额外的存储，但运行程序的计算机上可用的存储空间就只有那么多。所以为了保持存储的需求在可控范围之内，这个神经网络一次只会考虑几个最近刚出现的字母。对于这个特定的算法和我的计算机，我最大可能提供的存储是65个字符。所以，每一次它需要生成下一个字母的时候，它只拥有之前的65个字母的信息[1]。你可以看得出菜谱中哪些地方算法已经用光了存储空间，于是它忘记了自己实际上要做一个巧克力甜点——差不多就在这个时候，它决定加入黑布丁这一所谓的"米糊"。

　　存储（或者说算法的"记忆"）的限制开始发生变化。研究者在努力使递归神经网络在预测文本中接下来的几个字母时可以同时考虑短期的和长期的特征。这个想法类似于图像处理算法中先考虑局部的特征（比如边缘和纹理），然后再把想法扩大考虑图像整体

---

① 它也有几个字符的长期记忆，用来跟踪那些比65个字符长度的窗口更长的信息，但这点儿存储空间太小了，甚至存不下一个完整的原料表。用机器学习术语来说，这使得我们的算法成了一个长短期记忆神经网络而非一个普通的递归神经网络。

最大的挑战是记住已经写了什么，它每次只能看到 65 个字符。从开始到第一个括号，它至少能保持菜谱的口味从头到尾都是甜的或是香辣的吗？

这种格式很简单。从标题开始，然后是类别，接着是原料，之后是做法。这完全是可预测的。它每次都可以掌握这一点，可预测的东西是最容易的。

巧克力奶油汤黑布丁

好吧，我应该在这里见到"甜点"了。让我们继续努力。

奶酪/鸡蛋

这是用猪血做成的，真是一道有趣的前菜！

太棒了，可可！我们还没有忘记巧克力。它刚刚好还在 65 个字符的记忆中。

4 盎司可可，磨细
1 茶匙黄油
$1/2$ 杯牛奶
$1/4$ 茶匙胡椒粉
$1/4$ 杯米糊，切碎
1 磅奶油
1 粒芝麻，去皮

等一下，这已经是……好吧，我猜，确认下总是好的。

做什么我们会需要一粒芝麻？这里明显是一个错误。而且，给芝麻去皮看起来非常无聊。

芝麻把我们带到了接近香辣味的危险地带。

大写字母是一项特别的挑战，因为它们会被当作与小写字母毫无关系的对象。神经网络必须得从头开始用很少的例子独立学会这些。

冷冻！圣日恰好是冷冻的，它一定是从一个蛋糕的菜谱中学到这一点的。我们又回到了甜点的领域。

——圣日——

1 个大鸡蛋
1 杯糖粉调酒
$1/4$ 杯黄油或人造黄油，已融化

这些并不在原料表中，而原料表现在已经超出记忆的范围了。它得到了巧克力，不过，这完全是瞎猜撞上的。

啊，模糊不清的地方，"至金黄色"可能是甜的或香辣的，"气泡"让这种平衡发生了倾斜，然后现在……大蒜。我们完蛋了。

棕色糖，巧克力；发酵粉，啤酒，柠檬汁和盐
把两个 9×2 英寸的蛋糕整块抹上油脂。
冷却至金黄色并有气泡。
将大蒜半数放在蒜头上，以充分利用海湾。
放入已预热烤箱中的煎锅中。
撒上新鲜的欧芹以烹饪。

看起来有点儿小，而且这里不应该是一口锅吗？

哦不，它完全失去控制了。我们没有足够的信息来搞清楚到底在发生些什么。这是汤吗？炒菜？没有什么好的概率高的选项。它连拼写都开始出现各种错误。

吃盘子以把 100 升油放到锅里，拉到一半一半的状态。放在碗里。在一片卡拉帕罗面包上轻拍主题曲，并通过烹饪调味料减少黄油中的烹饪。撒上洋葱。当气泡和胡萝卜煮熟时拉动约 5 分钟。在 15 英寸小时的时间内，将搅拌器或蜡纸混合在一起，用干的粗粉煮沸（这是发现的）。

至少它记得写一个后括号。也许有一个神经元是专门跟踪处理括号的。

产量：一个蛋糕。

神经网络至少知道如何收束一份菜谱。我们是在做蛋糕，对吧？我们就假装是在做一个蛋糕吧！

有时它知道应该快点儿写完菜谱，因为我们要加入冷冻或和其他东西一起上桌。这乱成一团，它只能全靠瞎猜。这些菜谱有时长达几页，神经网络完全不知道自己已经写了多长。

的问题。这些策略被称为卷积。使用卷积的神经网络（同时也比我在我的笔记本电脑上训练的神经网络大几百倍）可以跟踪那些相距很远的信息，从而保持始终在同一个主题上。下面的这份菜谱是由OpenAI在海量网页上训练出来的神经网络GPT–2生成的，我在原基础上做了微调，用各种菜谱对它进行了训练。

大块蛋糕

蛋糕，甜点

8杯面粉

4磅黄油，室温

$2\frac{1}{4}$杯玉米糖浆，分隔开

2个鸡蛋，提纯并冷却

1茶匙塔塔粉

$\frac{1}{2}$杯玛氏巧克力豆

8盎司蛋清

1块巧克力，过滤

$2\frac{1}{4}$杯面粉，中速搅拌糊化直到黏稠。

轻轻涂上一层油脂，然后把两块涂了油脂和蜡的纸质盒装原料磨成粉。把面粉、糖浆和鸡蛋放在一起。加入塔塔粉。倒入1加仑容量的面包盘。在450华氏度[①]加热35分钟。同时，在大碗里加入糖浆、蛋白和巧克力。搅拌直到充分混合。冷却

---

① 450华氏度≈232摄氏度。——编者注

锅。在整个蛋糕上倒入2大勺巧克力混合物。重新冷冻直到上桌。

产量：20份。

通过卷积改进记忆之后，GPT–2记得使用大部分的原料，甚至记得它应该要做一个蛋糕。它的做法仍然有些不太现实——纯面粉无论搅拌多久都不可能变黏稠，而且即使额外加入塔塔粉，面粉/糖浆/鸡蛋的混合物也不太可能变成蛋糕。不过和巧克力奶油汤黑布丁相比，这仍然是一个出色的进步。

下面是另一个GPT-2生成的例子，这一次它尝试写一篇《哈利·波特》的同人小说。这个算法能够跟踪人物曾经出现在哪些场景中，甚至能记住重复出现的主题，比如说，记得斯内普的脑袋上已经有一条蛇了。

斯内普：我理解。

[一条蛇出现了。斯内普把它放在了自己的脑袋上，它看起来在说话。它说："我原谅你了。"]

哈利：如果你不宽恕的话就无法回去。

斯内普：[叹气]赫敏。

哈利：好的，听着呢。

斯内普：我想要向你道歉，因为我因此而生气不安。

哈利：这不是你的错。

哈利：那也不是我想要表达的意思。

[另一条蛇出现，它说："而且我原谅你了。"]

赫敏：而且我原谅你了。

斯内普：是的。

另一个处理记忆限制的策略是把一些基本单元组合在一起，这样神经网络就能够在记住更少事情的同时实现前后连贯。它可能会记住 65 个完整的单词，或者 65 个情节元素，而不仅仅是 65 个字母。如果我把我的神经网络限制在一个专门手动设定的材料和允许范围内的数据集上——就像谷歌的一个团队试图设计一种新的无麸质巧克力曲奇时所做的，它每一次都会产生合理的菜谱。[17]遗憾的是，虽然谷歌的结果比我的算法能够生成的任何菜谱都更接近曲奇，据报道它依然是非常糟糕的。[18]

有没有更简单的解决这个问题的方法

这将我们带到了决定一个问题是否适合用人工智能来解决的最后一点（虽然它并没有决定人们在面对任何问题时都想使用人工智能来解决问题）：人工智能是不是解决这个问题的最简单的办法？

有些问题在我们拥有庞大的人工智能模型和海量数据之前，是很难取得任何进展的。人工智能革新了图像识别、语言翻译，使智能添加照片标签和谷歌翻译无处不在。对于这些问题，人们很难写下具体解决问题的规则，但是人工智能方法可以分析许多信息并形成自己的规则。或者一个人工智能可以研究转投其他运营商的手机客户的上百个特征，然后找出预测未来哪些客户更有可能会流失的方法。也许那些最容易流失的客户是年轻人，他们住在信号差于平均水平的区域，而且成为客户不足 6 个月。

然而，危险之处在于错误地把复杂的人工智能解决方案应用于适合用一些常识来搞定的场景。也许那些离开的客户恰好是每周的蟑螂推送计划的对象——那个计划可太糟糕了。

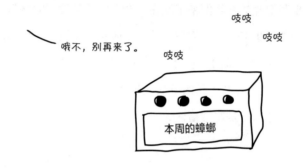

让人工智能来驾驶

那自动驾驶汽车呢？有很多原因可以解释为什么这是一个适合人工智能来解决的问题。当然，我们会爱上自动驾驶——很多人都觉得开车枯燥乏味，有时甚至是无法做到的。一个胜任这份工作的人工智能驾驶员的反应速度如同光速，永远不会在车道上迂回或漂移，也永远不会开得太猛。事实上，有时自动驾驶汽车的驾驶风格过于胆怯，所以在汇入高峰期的车流或在交通繁忙的街道上左转时会遇到麻烦。[19]不过人工智能永远不会感到疲惫，在人们打盹或开派对的时候，它可以接过方向盘，开车开到天荒地老。

当我们付得起让人类司机驾驶几百万英里的钱时，我们也可以积累许多样本数据。我们可以轻而易举地构建虚拟的驾驶环境，这样人工智能就可以在加速时间中检测和改善自己的策略。

　　驾驶所需的存储空间同样不太多。这一时刻的方向和速度并不依赖于 5 分钟之前发生的事情。导航可以负责规划未来的路线。像行人或野生动物这样的道路隐患，其来来去去都发生在几秒钟之内。

　　最后，控制一辆自动驾驶汽车是如此困难，以至于我们没有任何其他的好的解决方案。人工智能是目前让我们走得最远的方案。

　　然而，人们依然不知道驾驶是否是一个足够具体、可以用今天的人工智能来解决的问题，也不确定它是否需要一些更像我前面提到的人类程度的强人工智能。到目前为止，人工智能驾驶的汽车已经在通过独立驾驶了几百万英里的里程来证明自己的能力，而且一些公司报道说人类在驾驶测试时每行驶几千英里会介入一次。然而，完全消除这些偶尔需要的人类介入，正是困难的部分。

　　人类必须在某些情况下拯救自动驾驶汽车的人工智能。公司通常并不公布这些所谓"临阵脱逃"的原因，只会按照地方法律的要求公布临阵脱逃的次数。也许一部分原因是，临阵脱逃背后的原因极其平凡。2015 年，一篇研究论文列出了其中一些原因。[20]在其他事项的条目下，这些相关的汽车做了以下事情：

- 把高处垂下的树枝当成障碍物，
- 对于其他车辆在哪条车道中产生了困惑，
- 认为交叉路口的行人过多，自己无法处理，
- 没有看见一辆从车库中退出的车，
- 没有看到一辆从它前方开出来的车。

2018年3月发生的一场重大事故就是这样的情况造成的——一辆自动驾驶汽车的人工智能在识别行人时遇到了麻烦，它先是把行人当成一个未知物体，然后当成了自行车，最后只距离1.3秒踩刹车时，才认出她是行人。（为了让备用司机保持警惕，这辆车的紧急刹车系统被禁用了，然而这个系统设计的初衷并不是为了让备用司机有警惕感，这使得问题更加令人困惑。备用司机也已经在无须介入的情况下乘坐了许多小时，这种情况会使绝大多数人失去警惕。[21]）2016年的一场重大事故的起因同样是物体识别错误——这一次，自动驾驶汽车没有把一辆平板卡车当成障碍。

> 2016年发生了一场重大事故，当时一位司机在城市街道上使用特斯拉自动驾驶功能时——这项功能本是为在高速公路上驾驶设计的，一辆卡车从汽车前面穿过，此时自动驾驶的人工智能没能刹车，因为它没有把卡车识别为需要躲避的障碍。根据自动驾驶公司Mobileye的分析，因为它的系统是为高速公路驾驶设计的，它只被训练来避免追尾。也就是说，它只被训练从后面识别卡车，而不是从侧面识别。特斯拉报道说当人工智能检测到卡车时，它把卡车当作一个头顶的标志，并决定无须刹车。[22]
>
>

那些可能发生的异常情况就更不用说了。当大众汽车在澳大利亚第一次测试该公司的人工智能时，他们发现它对袋鼠感到迷惑不解。很明显，它从来没有遇到过任何跳来跳去的东西。[23]

考虑到在道路上可能会遇到的各种不同的东西——游行的人群、逃脱的鸸鹋、落下的电线杆、岩浆、带有不同寻常指令的紧急信号牌，糖蜜洪水和坑洞，遇到一些人工智能训练中从来没见过的东西几乎是不可避免的。让人工智能处理一些从未见过的事物是一个棘手的问题——这意味着知道逃脱的鸸鹋很可能会狂野地奔跑，而路上的坑洞却是静止的。这从直觉上容易理解，岩浆的确像水一样流动汇集，但这并不代表你可以从岩浆坑上行驶过去。

汽车公司在努力调整他们的策略，以应对各种日常故障和诡异的路况。他们先考虑将自动驾驶汽车限制在封闭可控的路段上（这并没有解决鸸鹋的问题，它们很狡猾），或是让自动驾驶的卡车跟在一辆由人类司机驾驶的领头车辆的后面。也就是说，这些折中引领我们走向了看起来非常像大批量公共运输的方案。

至于现在，当人工智能感到困惑时，它们便会临阵脱逃——这就是说，它们会突然把控制权交还给坐在方向盘后面的人类。自动化级别3的条件自动化（见下页表1），是目前商业化可用汽车中最高的自动化级别。比如说，在特斯拉的自动驾驶模式中，汽车可以在没有引导的情况下开几个小时，但是人类驾驶员可以在任何时候被召唤过来接替系统。这个级别的自动化问题在于，人类最好一直在方向盘后面全神贯注，而不是坐在后排装饰曲奇。另外，要在无所事事地盯着路面几个小时后依然保持警醒，对人类来说实在是太难了。要消除我们所有人工智能的表现和我们所需要的表现之间差距的选项，人类的介入通常是一个不错的选项，但人类在拯救自动驾驶汽车方面真的很不擅长。

表1　自动驾驶汽车的自动化级别

0.无自动化	最多是定速巡航。 一辆福特T型车就满足。 你来驾驶，故事结束。
1.司机辅助	自适应巡航或保持车道。 大多数现代汽车均具有该功能。 是你所驾驶汽车的一部分。
2.部分自动化	2个或更多来自1级的东西共同工作。 汽车可以在保持车距的同时走这条路。 司机仍然必须随时做好接管的准备。
3.条件自动化	汽车可以在一些情况下自动驾驶。 汽车含有交通拥堵模式和高速模式。 司机很少需要参与，但必须时刻做好准备。
4.高度自动化	在可控路段上汽车不需要司机。 有时，司机可以去后排睡一觉。 在其他的路段上，依然需要司机。
5.完全自动化	无论什么路况，汽车都不需要司机。 汽车也许不需要方向盘和踏板。 去后排睡觉吧，汽车可以控制好自己。

所以，制造自动驾驶汽车是一个看似很有吸引力，但实际上很困难的人工智能问题。为了实现主流的自动驾驶汽车，我们也许需要做一些折中（比如创造可控路段和一直使用级别4的自动化），或者我们需要比目前已有的人工智能更加灵活的程序。

下一章，我们将会看到自动驾驶汽车等事物背后的各种人工智能——模仿大脑、进化甚至虚张声势的游戏。

第 3 章
人工智能究竟是如何学习的

　　在本书中，我们用人工智能这个名词来表示"机器学习程序"。（至于哪些东西属于人工智能，哪些不属于人工智能，请参考第 2 页中的图表。抱歉，就是那个披着机器人外皮的人类的图表。）就像我在第 1 章里解释的那样，机器学习程序是通过试错来解决问题的。但是这个过程具体是怎样的呢？整个过程中，完全没有人类告诉它语言的工作原理或者笑话到底是什么，在这种情况下，一个程序是如何从蹦出一堆乱无头绪的字母组合，一步步进化成可以写出具有可读性的敲门笑话的呢？

机器学习有很多种不同的方法，其中有些甚至已经存在了几十年，一般在人们开始把它们称作人工智能之前很长一段时间就诞生了。如今，这些技术或者被整合、被混用，以及与更快的处理器、更大的数据集相结合，它们变得比以往任何时候更加强大。这一章里，我们将讨论一些最为常见的机器学习方法，一窥它们学习和进步的秘密。

神经网络

现今，当人们提及人工智能或者深度学习时，他们实际上是在说人工神经网络。（人工神经网络有时也被称作控制论，或者联结主义。）

构建人工神经网络的方法有许多种，每一种都各有其用处。有的专门识别图像，有的专门处理语言，有的专门生成音乐，有的专门提高蟑螂农场的生产力，有的专门写作令人费解的笑话。不过总体而言，它们都是在模仿大脑运作的方式。这就是为什么它们被称为人工神经网络，而它们的近亲——生物神经网络，才是最原始的、更复杂的模型。事实上，当程序员在20世纪50年代编写第一个人工神经网络程序时，就是为了检验一些关于大脑如何运作的理论是否正确。

换句话说，人工神经网络就是人类大脑的仿制品。

人工神经网络是由一些简单的模块拼接而成的，每一个模块都可以进行简单的数学运算。这些模块通常被称作细胞或者神经元，类似于人脑中神经元的说法。神经网络的威力正是来自这些细胞相互连接的方式。

目前，和实际的人脑相比，人工神经网络并没有那么强大。我用来为本书生成文本的人工神经网络的神经元数量，实际上和一条蠕虫差不多。

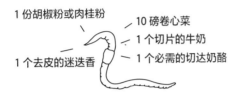

和人类不同，神经网络至少可以把全部的、和一条蠕虫差不多的脑力贡献给手头的工作（如果我没有不慎用无关的数据来分散其注意力的话）。不过，你是怎么用一些相互连接的神经元来解决问题的呢？

最强大的人工神经网络，即那些往往需要几个月的时间和价值成千上万美元的计算力进行训练的神经网络，它们所包含的神经元的数量远远多于我笔记本电脑上人工神经网络中的神经元数量，它们中的一些甚至比一只蜜蜂的神经元数量还要多。2016 年，基于对世界上最大的人工神经网络的规模增长的观察，一位业内领军研究者估计，按照这个趋势发展下去，2050 年，人工神经网络的神经元数量将达到人脑的水平。[1] 这意味着人工智能可以达到人类智慧的水平了吗？也许还差得远呢！人脑中的每一个神经元都远比人工神经网络中的神经元复杂——它是如此之复杂，以至于人脑中的神经元本身就像是一个完整的、多层的人工神经网络。所以，人脑不仅是由 860 亿个神经元组成的，更确切的说法应该是，人脑是由 860 亿个神经网络组成的。同时，人脑中还有许多人工神经网络中没有的复杂性，这其中的许多问题人类至今还没能很好地理解。

神奇的三明治洞

假设我们在地上发现了一个神奇的三明治洞，这个洞每过几秒钟就会随机掷出一个三明治。（好的，我承认，这是一个很假的假设。）问题在于，从洞口掷出的三明治种类非常随机。配料包括果酱、冰块甚至是旧袜子。如果我们想要找到好吃的三明治，我们就必须得整天坐在洞口把它们分拣出来。

唉，耳屎！

但这样做实在太枯燥乏味了，好的三明治可谓千里挑一，十分罕见。但是，这些好的三明治真的美味绝伦，所以我们想把这项任务自动化。

我来帮忙！

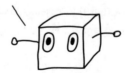

　　为了节省一些时间和精力，我们想要构建一个人工神经网络来观察每一个三明治，判断它是否可口。我们先暂时忽略如何识别三明治的原料的问题，这已经是一个很难的问题了。同时，我们也先跳过如何分拣三明治的问题，这是一个极其困难的问题，识别和预估三明治的移动轨迹已经不易，教会一个机械手既能抓取很薄的纸机油三明治，又能抓住很厚的保龄球芥末三明治，更是难上加难。我们假设我们的人工神经网络事先知道每个三明治里面是什么，同时我们也不用担心如何移动这些三明治，我们只需要判断这个三明治是否适合人类食用，要不要直接扔到回收槽里。（所以我们也会继续忽略回收槽如何运行的问题，我们暂且把回收槽当成另一个神奇的洞吧！）

　　这样的好处是把我们的目标归结为了一个简单而具体的任务——就像我们在第 2 章中发现的，这样的转化通常有助于得到一个用机器学习算法完成自动化的好方案。现在，我们有一些输入变量（三明治中不同原料的名字），我们想要构建一个算法来计算一个输出变量，一个反映三明治可口程度的评分。我们可以画一个简单的"黑箱"来表示我们的算法，它看起来如下：

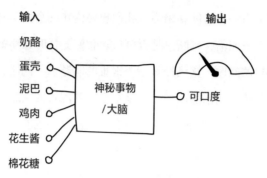

我们希望这个可口程度的评分由三明治中原料的不同组合来决
定。所以，如果一个三明治中含有蛋壳和泥巴，我们的黑箱应该做
出下面的评分：

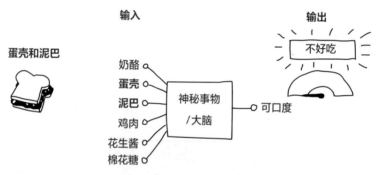

但是三明治中如果含有鸡肉和奶酪，应该得到如下评分：

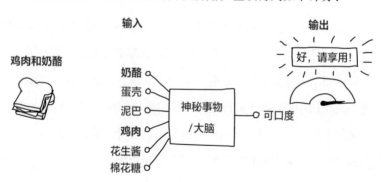

让我们来看一看黑箱中的一切是如何运转的吧！

首先，我们做一些简化，把所有的输入变量（三明治中所有不同的原料）和唯一的输出变量直接连接在一起。为了得到我们的"可口度"评分，我们加入每一种原料对可口度的贡献值。显而易见，每一种原料的贡献值应当有所不同——奶酪的出现应该会使得三明治更加美味，而泥巴会让三明治变得难以下咽。所以，每一种原料会获得一个不同的权重。那些好的原料的权重为1，我们想要避免的黑暗原料的权重为0。我们的人工神经网络看起来大概是这样的：

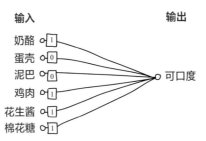

让我们用一些三明治样本来检验下这个人工神经网络是不是符合我们的预期。假设这个样本三明治中含有泥巴和蛋壳，因为它们的贡献都是0，所以最终的可口度是 0 + 0 = 0。

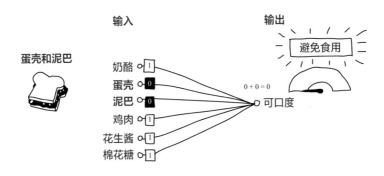

但是一个花生酱加棉花糖的三明治会得到的"可口度"评分是1+1=2。（恭喜！你凑巧得到了新英格兰美食棉花糖花生酱三明治！）

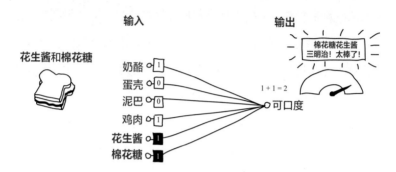

通过这样配置人工神经网络，我们成功地避免了那些只含有蛋壳、泥巴及其他黑暗原料的三明治。然而，这个简单的单层神经网络并不足以识别那些本身很美味，但和其他原料混合在一起时会变得非常糟糕的食材。我们的人工神经网络会判定鸡肉加棉花糖的三明治是美味可口的，就像棉花糖花生酱三明治一样可口。同时，它也很容易被接下来我们要介绍的这种问题困扰，我们称之为大三明治故障：如果三明治中含有足够多的美味食材，那么即便里面含有不可食用的木屑，这个三明治依然会被判定为美味的。

为了得到一个更好的神经网络，我们需要添加另一层神经元：

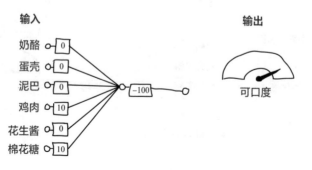

　　这就是我们现在的神经网络。每一个原料都和一层新的神经元相连接，同时每一个神经元都与输出变量相连接。这一层新的神经元被称为隐含层，因为用户只能看到输入和输出变量，所以这一层相当于是"隐藏"的。和往常一样，每个连接都有各自的权重，所以也会以不同的方式影响最终的"可口度"。到目前为止，这还不是深度学习（那需要更多的隐含层），不过我们已经在路上了！

深度学习

　　在我们的神经网络中加入更多的隐含层，会让我们得到一个更复杂的、能够比把原料简单加和做得更好的算法。在这一章里，我们只增加了一个隐含层，但现实世界中的神经网络通常包含多个隐含层。每一个新的隐含层意味着一种把此前的层中学到的见解进行组合的全新方法——我们希望这可以达到越来越高的复杂度。这种通过许多隐含层获得许多复杂度的方法被称为深度学习。

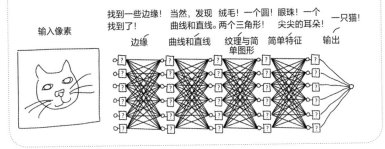

　　使用这个神经网络，我们把糟糕的原料和我们称为惩罚器的神经元相连接，从而最终避开它们。我们将赋予这个神经元非常大的负权重（比如说–100）并把一切糟糕的输入与之相连，连接的权重也设为10。让我们把第一个神经元变成惩罚器，并把蛋壳和泥巴与之相连。它看起来就会是下面这样：

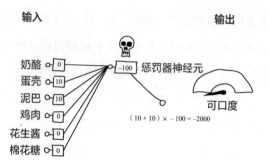

$$(10+10) \times -100 = -2000$$

现在，如果一个三明治中含有蛋壳或泥巴，无论其他的神经元发生了什么，我们的神经网络都大概率会认为它很糟糕。使用惩罚器神经元，我们可以解决大三明治故障。

我们可以用剩下的神经元做其他事情——像是最终实现一个知道哪些原料组合会好吃的神经网络。让我们用第二个神经元来识别鸡肉奶酪三明治吧！我们会称之为美味三明治神经元。我们把鸡肉和奶酪以权重1与之连接（我们会对火腿、火鸡和蛋黄酱做同样的事情），并将其他的东西以权重0与之相连。然后，把这个神经元与输出用适度的权重1相连。美味三明治神经元是很好，但如果我们对它表现得过于兴奋以至于赋给它过高的权重，我们就可能会面临削弱惩罚器神经元的危险。让我们看看这个神经元做了什么：

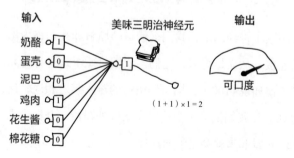

$$(1+1) \times 1 = 2$$

鸡肉奶酪三明治会让这个神经元愉快地向最终输出贡献 1 + 1 = 2。但在鸡肉奶酪三明治中加入棉花糖不会有任何坏处，即便客观上它的口感可能不那么好。为了解决这个问题，我们需要其他的神经元来专门寻找并惩罚这种不合适的搭配。

比如，第三个神经元可能会寻找鸡肉和棉花糖的组合（我们姑且称之为棉花糖鸡肉），并对任何含有这种组合的三明治进行严厉惩罚。它连起来之后是这个样子：

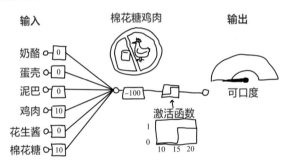

对于任何胆敢同时包含鸡肉和棉花糖的三明治，第三个神经元将返回毁灭性的（10 + 10）× –100 = –2 000。它表现得像一个专业惩罚器，是专门为了惩罚鸡肉和棉花糖这一组合而设计的。请留意，我在这里增加了一个叫作激活函数的额外模块。因为如果没有它，这个神经元将会惩罚任何含有鸡肉或棉花糖的三明治。通过把阈值设定在 15，激活函数将会在仅有鸡肉（10 分）或仅有棉花糖（10 分）时阻止神经元——神经元将返回中性的 0。但是，如果两种原料同时出现（10 + 10 = 20 分），将超过 15 分的阈值，于是神经元被激活。咚！被激活的神经元开始惩罚任何超过其阈值的原料组合。

棉花鸡

把所有的神经元用类似的复杂方式相互连接后，我们就得到了一个可以分拣魔法洞中最棒的三明治的神经网络！

训练过程

所以，现在我们知道了一个配置完善的三明治分拣神经网络应该是什么样的。但是，使用机器学习的关键优势就在于我们不必手动配置神经网络中的这些参数。相反，神经网络应该能够把自己配置得可以很好地完成三明治的分拣工作。这个训练的过程到底是如何运行的呢？

让我们先回到一个简单的两层神经网络。在训练开始的时候，它完全是一张白纸，每一种原料的权重都是随机赋值的。所以，很可能它在评估三明治方面做得还很差劲。

　　我们需要用一些现实世界中的数据来训练它，一些正确评价三明治的样本，评价来自真实的人。当神经网络给三明治打分时，它需要把自己的评分和三明治评审团给出的结果相比较。请注意：永远不要主动去测试这些处于起步阶段的机器学习算法。

　　关于我们的例子，让我们先回到非常简单的神经网络。既然我们想从头开始训练它，我们将忽略所有关于权重应该如何设置的先验信息，完全从随机赋值的权重开始。它们是这样的：

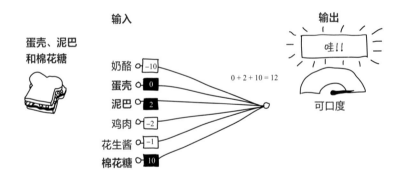

　　它讨厌奶酪。它爱棉花糖。它也喜欢泥巴。而且它对蛋壳比较中性，可以加也可以不加。

　　这个神经网络开始考虑第一个从三明治魔洞中掷出的三明治，然后用它（糟糕的）判断来打分。这是一个棉花糖、蛋壳和泥巴组成的三明治，所以它得分为 10 + 0 + 2 = 12。哇！这是一个非常非常好的分数！

　　然后，三明治交到人类评审团手中。无情的现实是，这个三明治并不受欢迎。

　　现在到了神经网络有机会自我提升的环节了：它开始思考如果它的权重稍有不同会发生什么。面对这个三明治，它并不知道问题出在哪里。是因为它对于棉花糖太兴奋了吗？难道蛋壳并不是中性的，而是有点儿烂？它看不出来。但如果它可以研究一批10个不同的三明治，研究它自己对它们给出的评分以及人类评审团的打分，它就能发现，如果一般来说它给泥巴的权重低一点儿，降低所有含有泥巴的三明治的评分，那么它的评分就可以和人类评审团更贴合。

　　有了最新调整过的权重，是时候开始下一次迭代了。这个神经网络给另一批三明治评分，把评分和人类评审团的结果相比较，然后再次调整它的权重。在上千次迭代和研究了上万个三明治后，人类评审团已经对此感到十分厌倦，但神经网络却做得越来越好。

　　进步的过程中会有非常多的陷阱。就像我上面提到的，这个简单的神经网络只知道特定的原料是好是坏，而且无法想出细致的分析各种组合的办法。为此，它需要更加复杂的结构，拥有更多神经元的隐含层。它需要演化出惩罚器神经元和美味三明治神经元。

　　另一个我们必须要警惕的陷阱是类别不平衡。三明治魔洞中每产生一千个三明治，只有很少一部分是美味的。如果神经网络能意识到这一点，它就可以忽略一切，给所有三明治都打很低的分，就能实现99.9%的准确率，而不必辛辛苦苦搞清楚每种原料对应的合理权重，或是它们之间应该如何搭配。

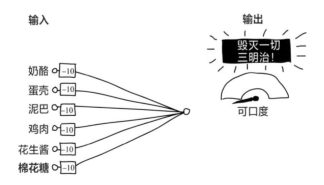

　　为了解决类别不平衡的问题，我们需要预过滤训练集中的三

明治，保证好吃的和糟糕的三明治所占的比例大致相同。即便是这样，这个神经网络也许仍然无法学到那些很少出现但是在特定情况下会非常美味的食材。棉花糖可能就是这种食材的一个例子——和大多数常见的三明治原料在一起都会很糟糕，但在棉花糖花生酱三明治中就非常美味（也许和巧克力和香蕉放在一起时也很好吃）。如果神经网络在训练中没有看到棉花糖花生酱三明治，或者很少见到它们，它可能就会决定用拒绝所有含有棉花糖的三明治的办法来达到较好的正确率。

　　类别不平衡有关的问题在实际应用当中一直出现，通常是我们让人工智能探测某种罕见事件的时候。当人们努力预测顾客何时会流失时，相比流失的顾客，留存的顾客要多得多，所以会存在这样一种潜在的危险——人工智能可能会走捷径，预测所有顾客都将永久留存。检测恶意登录和黑客攻击也会遇到类似的问题，因为实际的攻击很罕见。人们也在医学影像处理中遇到了类别不平衡问题，几百个细胞中待发现的异常细胞只有一个，这让人工智能很容易就会以预测所有的细胞都健康的方法偷懒，从而取得高准确率。天文学家在使用人工智能的时候也遇到了类别不平衡问题，因为许多人们感兴趣的天体现象都很罕见，比如一个太阳耀斑探测程序发现它可以通过预测零耀斑来达到几乎100%的正确率，因为耀斑在训练数据中太罕见了。[2]

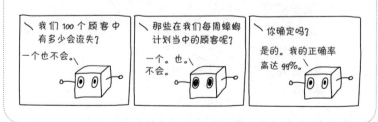

当神经元共同工作时

在上面分拣三明治的例子中，我们看到了一层新的神经元是如何让神经网络有能力完成更复杂的任务的。我们构建了一个美味三明治神经元来应对美味肉类和奶酪的组合，同时我们构建了一个棉花糖鸡肉神经元来惩罚试图在三明治中同时加入鸡肉和棉花糖的组合。但在一个会自我训练并通过试错来调整神经元之间的连接的神经网络中，鉴别出每一个神经元具体的工作是什么通常很难。任务常常散布在多个神经元中，而且对于其中一些神经元，判断它们具体在完成哪些任务是很困难的，甚至是不可能的。

为了探索这种现象，让我们来看一个训练完成之后的神经网络中的神经元。这个神经网络是由OpenAI的研究人员构建和训练的[3]，它一个字母一个字母地读完了亚马逊上超过8 200万条的商品评价，可以用来预测接下来会出现哪个字母。这是又一个递归神经网络的例子，和我们在第1章和第2章中见到的生成敲门笑话、冰激凌口味和菜谱的神经网络属于同一种。不过这个要大一些——它的神经元数量大概和水母一样多。下面是一些它生成的评论：

这是一本很棒的书。我会把它推荐给所有喜欢这些人物的绝妙故事和这个图书系列的人。

我喜欢这首歌。我一遍一遍地听却从未厌倦。它是如此令人着迷。我爱它！

这是我用的淋浴间清洁产品中最棒的。它既不油腻也不会

形成水渍，或弄脏白色地毯。我已经用了几年了，它一直效果
很好。

　　这些健身光盘非常有用。你可以用它们覆盖你的整个屁股。

　　买的时候我以为它会对车库很好。谁有许多的湖水？我完
全错了。它简单而迅速。夜晚的灰熊并没有伤害它，我们已经
买了三个多月了。客人们都深受启发，他们真的很享受。我的
爸爸也爱上了它！

　　这个神经网络对于每一个可能遇到的字母或标点符号都留有一
个对应的输入位（类似于三明治分拣器，对于每种三明治原料都有
一个输入位），同时它会回顾过去的几个字母和标点符号。（它就好
像是一个三明治评分器，但评分依赖于过去见到的几个三明治，也
许它能够跟踪我们是不是已经对奶酪三明治有些厌倦了，然后相应
调整下一个三明治的评分。）这个写作评论的神经网络有许多输出
位，每一个输出位对应一个评论中最可能出现的字母或标点符号，
而不是像三明治分拣器那样，只有一个输出位。如果它看到了序列
"我拥有20个打蛋器而这一款是我的最"，那么"爱"字就会成为
最有可能出现的下一个字。

　　根据这些输出，我们可以看看每个神经元是不是"被激活"了，这会让我们能够对它的功能进行有根据的猜测。在上述三明治分拣器的例子中，这个美味三明治神经元会在看到许多肉类和奶酪时被激活，在看到袜子、弹珠或花生酱时则不会被激活。然而，这个亚马逊评论神经网络中的大部分神经元都不会像美味神经元和惩罚器神经元这样容易解释。相反，绝大多数神经网络学到的规则对我们而言都是无法理解的。有时，我们可以猜测一个神经元的功能是什么，但通常情况下，我们完全不知道它在干什么。

　　这是产品评论算法的一个神经元（第 2 387 个）在生成新评论时的激活程度（灰色＝激活，黑色＝未激活）：

　　　　对我而言，这是我买过的他们的专辑中少有的让我瞬间成为古典流行歌迷的一张。我对于 10 首新歌的音频也有很大问题；人声和剪辑的执行很糟糕。第二天，我在一个录音棚里，我无法告诉你我必须按几次播放按钮才能查看歌曲的播放进度。

　　这个神经元对神经网络预测下一个出现的字母有贡献，但是它具体的功能则是一个谜。它对于特定的字母，或是特定字母的组合有反应，但这种方式在我们看来毫无规律。为什么它对于专辑中的"辑"字而不是"专"字感到兴奋？它只是和其他许多神经元一起工作的一个小谜团而已。神经网络中的所有神经元几乎都像这个神经元一样神秘。

　　然而，偶尔会出现一个很容易识别出其职责的神经元——一个当我们在一对括号中间时激活，或是句子越长就激活强度越高的神经元。[4]训练这个产品评论神经网络的研究人员发现，其中有一个神经元在干他们可以看得懂的事情——它对应于这条评论是正面还是负面的。作为预测评论中的下一个字母任务的一部分，这个神经网络看起来发现了判断是要夸奖还是批评这个产品是很重要的。下面是这个"态度神经元"在同一条评论上的激活程度。注意灰色代表高激活度，这意味着它认为这条评论是正面的：

　　　　对我而言，这是我买过的他们的专辑中少有的让我瞬间成为古典流行歌迷的一张。我对于10首新歌的音频也有很大问题；人声和剪辑的执行很糟糕。第二天，我在一个录音棚里，我无法告诉你我必须按几次播放按钮才能查看歌曲的播放进度。

　　这条评论一开始非常正面，于是态度神经元高度激活。然而在中间，它的口吻改变了，于是这个神经元的激活程度一落千丈。

　　下面是另一个态度神经元在工作的例子。当评论是中性或批评性的时，它的激活程度很低。但当它探测到态度上出现改变时，它就快速地跳入高位。

　　　　这个《哈利·波特》的文件，是前一个的根据（这意味着它有一个标准大小的衬里），它重达一吨，巨大无比！将来我肯定会把它放在我厨房里的每一个烤面包机上，因为它是那么的好。这是有史以来最棒的喜剧电影之一。它理所当然地是我一直以来最喜欢的电影。我会把它推荐给每一个人。

但是，它在探测其他类别文本的态度上就做得没这么好了。大多数人不会把下面这段埃德加·爱伦·坡的《厄舍府的崩塌》中的文字当成是情感上积极正向的，但这个神经网络认为它基本上是正面的：

> 我被强烈的恐怖情绪压倒，它无法解释却难以忍受。我匆忙地穿上了衣服（因为我觉得我今晚不该再睡了），并努力使自己摆脱我陷入的可怜状况，快速地步入公寓。

我想，如果某部电影以强烈的恐怖感压倒了你，而它制作意图也正是如此，那它就应该是一部好电影。

再次强调，在文本生成或文本分析的算法中找到像态度神经元一样表现清楚明白的神经元，是很罕见的。对于其他类型的神经网络也是一样——这太糟了，我们希望能够判断它们是否犯下了不幸的错误并从它们的策略中学习。

然而，在图像识别算法中，找到一些你可以看出它们在干什么的神经元要容易一点儿。对它们的工作来说，输入是一张图像的每一个像素，输出是各种不同的给图像分类的方法（狗、猫、长颈鹿、蟑螂等等）。大多数图像识别算法在输入和输出间有很多很多层的神经元——隐含层。在大多数的图像识别算法中，有一些神经元，或是神经元的群体，如果我们用正确的方法分析神经网络，我们就能识别出它们的功能。我们可以仔细研究那些看到特定事物时被激活的神经元，或者我们可以微调输入图像，观察哪些变化会对神经元的激活程度改变最多。

深度梦境

　　微调图像以使得神经元更加兴奋，是谷歌在著名的深度梦境项目中使用的技巧。在深度梦境项目中，一个图像识别神经网络会将普通图像变成风景如画的狗脸和拱门窗户的聚合物。

　　为了生成一张深度梦境图像，你要从一个训练好的用来识别一些物体的神经网络开始，比如识别狗的。然后你可以选择其中一个神经元，逐渐地改变图像来使这个神经元变得越来越兴奋。如果这个神经元是被训练来识别狗脸的，那么它在图像中某些区域里见到像狗脸的物体时会感到兴奋。当你把图像调整为这个神经元的最爱时，它会变得高度扭曲并且布满了狗。

最小的神经元群体似乎在寻找边缘、颜色和简单的纹理。它们会传导竖直线、曲线或者绿色的草状纹理。在接下来的几层里，更大的神经元群体开始寻找边缘、颜色、纹理的组合，以及简单的特征。比如说，谷歌的一些研究人员在分析他们的GoogLeNET图像识别算法时发现，该算法有个神经元用于专门寻找动物身上圆的或尖的耳朵，以此来帮助区别猫和狗。[5]其他神经元会对毛发或眼珠感到兴奋。

图像生成的神经网络中也有一些神经元做的是可以被辨识的工作。我们可以给图像生成的神经网络做个"脑外科手术"，看一看生成的图像会如何变化。[6]麻省理工学院的一个研究团队发现，能通过阻止神经元激活去掉生成图像中的一些元素。有趣的是，神经网络认为"关键"的元素要比其他元素更加难以去掉——比如说，相比去掉桌子和椅子，在一张会议室的图像中去掉地毯要更容易。

现在，让我们来看看另一种算法，如果你使用过智能手机的文本预测功能，你大概已经和这种算法互动过了。

马尔可夫链

马尔可夫链是一种算法，用来解决和递归神经网络处理的问题类似的问题，比如本书中曾提到的生成菜谱、冰激凌口味、亚马逊评论和摇滚乐队名字的问题。就像递归神经网络一样，它会先观察过去发生了什么（比如说句子中先前出现过的词或者上周的天气），然后预测接下来最有可能出现什么。

相比大多数神经网络，马尔可夫链更为轻量级，也更容易训练。这就是为何智能手机通常使用马尔可夫链来实现文本预测的功能，而不是递归神经网络。

然而，当马尔可夫链的记忆增长时，它的复杂度也呈指数级递增。比如说，大多数文本预测的马尔可夫链只有3~5个词语长度的记忆。相反，递归神经网络可以包含几百个单词长度的记忆——使用长短期记忆和卷积等技术时，甚至会更长。我们在第2章中见识过记忆的长度是多么重要，过短的记忆会造成递归神经网络遗忘重要的信息。对于马尔可夫链来说，也是一样。

我在迪士尼歌曲的数据集上用一个可训练的文本预测键盘训练了一个马尔可夫链。[7]训练只花了几秒钟，远远少于训练递归神经网络时的几分钟。但是，这个马尔可夫链只有三个单词的记忆。这也就是说，它建议使用的词是在歌曲中前面三个词的基础上最有可能出现的。当我用它生成一首歌，每一步都选择它推荐的最佳建议时，就会得到下面的结果：

那片海）

在那片海之下）

在那片海之下）

在那片海之下）

在那片海之下）

在那片海之下）

在那片海之下）[1]

---

① 第一句原文为the sea，第二句至最后均为under the sea。——编者注

　　它不知道该唱多少次"在那片海之下"，因为它不知道它已经唱过多少次了。

　　如果我用歌曲《美女与野兽》的开头（"和岁月一样古老的故事"），它也会很快卡住：

> 和岁月一样古老的故事
> 和岁月一样古老的歌谣[①]
> 和岁月一样古老的歌谣
> 和岁月一样古老的歌谣

　　在《美女与野兽》的几句中，"和岁月一样古老的故事"后面紧接着的是"像韵律一样古老的诗"。但是，当这个马尔可夫链看到短语"一样古老"（as long as）时，它不知道我们究竟位于哪一句中。

　　我可以通过在每一步选择第二可能的提示词来摆脱这个陷阱。这样的话，它就会写道：

> 整个世界
> 聪明而年轻的主人
> 你和所有人在一起
> 你以为你与奇迹同在
> 与力量同在

---

① 原文为"Tale as old time"及"song as old as time"。——编者注

　　　　　我很沮丧

　　　　　孤独的地狱火黑暗的一面

　　如果每次选择第三可能出现的词，结果则是：

　　　　　你以为我可以开门

　　　　　我们将在这里看到你的感受

　　　　　我所有的梦想将是我的

　　　　　之前的某些东西

　　　　　她会更好的时间

　　这看起来有趣多了，但并没有什么意义。而且歌词（以及诗文）在语法、结构和连贯性方面的要求是非常宽松的。如果我给马尔可夫链另一个不同的数据集来学习，那它的缺点会变得更加明显。

　　下面是一个在一系列愚人节恶作剧上训练的马尔可夫链，它在每一步都会选择接下来最有可能出现的单词。（它永远不会建议使用标点符号，所以这些行与行之间的停顿是我加上的。）

　　　　　将门把手从门上取下，然后轻轻地向后放回去

　　　　　全天不做任何事情，在报纸上刊登某人的广告，以一次恶作剧即将发生的车库销售

　　　　　然后，整天不做某人在纸上某人的广告，以在进行一次车库拍卖的广告……

　　一个用于文本预测的马尔可夫链不太可能和顾客对话或是写作一篇用于新电脑游戏探索的故事（这两件事都是人们在努力训练递归神经网络有朝一日足以完成的）。但是，预测在特定的训练集中下一个出现的单词会是什么，是马尔可夫链可以做到的。

　　比如，Botnik 公司的研究人员在各种不同的数据集（哈利·波特系列图书，《星际迷航》剧集，餐厅评分网站 Yelp 上的评论，等等）上训练马尔可夫链来为人类作者提供提示词。马尔可夫链生成的提示词往往出人意料，可以帮助作者将他们的文字引至怪异的超现实方向。

　　我也可以让马尔可夫链提供一系列选项并呈现给我，而不是让它使用它过短的记忆来选择下一个词，在我给别人发信息时的预测文本所做的事情就是这样。

　　下面是与 Botnik 训练的马尔可夫链互动时大概的样子，这个马尔可夫链是在哈利·波特系列图书上训练的：

≡		写作预测
哈利猜疑地盯着邓布利多，当他坐在一片池塘中时，池塘里有____:		
来源：惠普发布版	⤭ 打乱顺序	⇧ 发布
这个	他的	她的
他们	一个	他
它	什么	哈利的
羊皮纸	视线	课程
哈利	魔法	魔法的
绿色	恐慌	他们的

这里是一些我在马尔可夫链的文本预测帮助下写出来的愚人节恶作剧：

> 将保鲜膜颗粒放在嘴唇上。
>
> 将厨房水槽排成鸡头的模样。
>
> 将荧光棒放在手中，假装在屋顶上打喷嚏。
>
> 将马桶座垫成裤子，然后让你的汽车撒尿。

为了比较方便的缘故，我还用了一个更复杂、数据量更大的递归神经网络来生成愚人节恶作剧。在这种情况下，递归神经网络生成了整个恶作剧，包括标点符号。然而，这里依然有一个人类创造力参与的环节——我不得不把每一个递归神经网络生成的恶作剧都浏览一遍来寻找其中最搞笑的那些。

> 在某人的办公电脑中做饭。
>
> 如果办公楼只有一个入口，请隐藏所有入口。
>
> 呆呆地盯着某人的计算机鼠标，以使其不起作用。
>
> 放一个装有玛氏巧克力豆、彩虹糖混合物的碗。
>
> 在你的制冰机中放一条裤子、一双鞋。

你可以用大多数手机短信应用的文本预测功能做类似的实验。如果你以"我出生在……"或"从前……"作为开头，然后一直选取手机提示的单词，你就会得到一个由机器学习算法直接写出的奇怪段落。因为训练一个新的马尔可夫链相对而言简单快速，你得到的文本是针对你个人的。你手机上的文本预测和自动更正功能的马尔可夫链会在你打字的时候更新自己的参数，利用你所写的内容来训练自己。这就是为什么当你犯了一个输入错误时，错误结果会影响输入法，可能就会困扰你一段时间。

谷歌文档就曾经是这种效应的受害者。用户反映，自动更正程序会把"a lot"（很多）换成"alot"，同时会建议把"going"改成"gonna"。谷歌当时使用了一款基于情景感知的自动更正程序，它基于互联网上的结果来决定建议哪些单词。[8] 另一方面，情景感知的自动更正程序可以发现一些打字中的错误（比如打成"相要"的"想要"），同时在新的词语变得常见时把它们纳入程序。然而，每一个网民都知道，常见的用法和你希望的、语言处理器的自动更正功能所提供、语法上正确的正式用法往往相去甚远。虽然谷歌没有具体谈论过这些自动更正的故障，但这些故障在用户反映之后确实消失了。

随机森林

随机森林是一种机器学习算法，常用于预测和分类，比如预测用户行为、推荐图书或是判断红酒的品质，算法做出预测和分类的基础则是一系列输入数据。

为了理解随机森林算法，让我们先从树开始。一个随机森林是由许多被称为决策树的独立单元组成的。决策树本质上就是一个根据已有信息推测结果的流程图。另外，令人愉快的是，决策树看起来确实像一棵倒着长的树。

下面有一棵决策树的例子，它的目的是虚拟的，判断是否要清空一个巨型的蟑螂农场。

这棵决策树会跟踪我们对信息（不祥的噪声、蟑螂的出现）的使用方式来决定如何应对当前的情况。正如我们的三明治分拣决定会随着神经元数量的增加而变得更加复杂一样，如果我们有一棵更大的决策树，我们就可以在应对蟑螂的各种情况时做得更加细致。

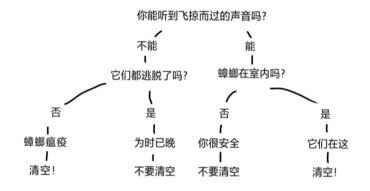

如果蟑螂农场安静得令人吃惊，但蟑螂却没有逃脱，那么也许会有一些除了"它们都死了"以外的其他解释（也许会更令人不安）。决策树越大，我们可以问的问题就越多，比如附近是否有死蟑螂，人们认为蟑螂有多聪明，以及摧毁蟑螂的机器是否已经被神秘地破坏了。

当我们有许许多多的输入信息和选择时，决策树就会变得非常大（如果用深度学习的编程术语来说，那就是非常深）。它可能变得深到可以包括训练集中所有可能的输入、决定和结果，但那时这张流程图将只能在训练集中涉及的场景中工作。也就是说，它在训练数据上会产生过拟合。一个聪明的人类专家可以聪明地构建一棵巨大的决策树来避免过拟合的问题，同时可以应对大对数的决策问题，而不会迷恋一些特定的、可能并不相关的数据。比如说，如果上一次蟑螂逃出来时天气多云凉爽，人类足够聪明，就知道同样的天气和蟑螂是否会跑出来没有任何关系。

用来替代人类仔细地构建巨大的决策树的方式之一，是使用机器学习中的随机森林算法。与神经网络通过试错来调节不同神经元之间的连接关系类似，随机森林算法通过试错来配置自己。一个随机森林是由一系列小（也就是说，浅）的决策树组成的，每棵决策树考虑一小部分信息，做出一些简单的决定。在训练的过程中，每一棵浅的树会学到哪些信息是它应该注意的，结果应该是什么。每一棵小树的决定可能并不是非常好，因为它是基于非常有限的信息而做出的。但如果森林中的所有小树汇总它们的决定，并通过投票来决定最后的结果，它们就会比一棵单独的树更加精确。（同样的现象对于人类投票者来说也成立：如果人们试图猜测瓶子中有多少颗弹珠，每个人的猜测可能会差得很远，但平均而言人们的猜测会和真实答案非常接近。）随机森林中的树可以汇总它们对各种对象的决策，对于极其复杂的场景，它们也可以勾画出一幅准确的图景。比如说，一个最近的应用是整理成千上万的基因组模式，以确定导致危险的大肠杆菌爆发在哪种牲畜中。[9]

如果我们用随机森林来应对蟑螂的问题，其中的一些决策树看起来可能是这样的：

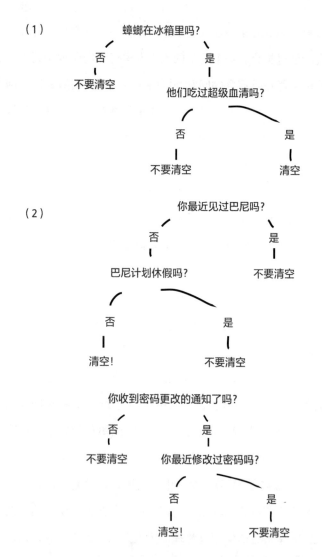

（1）

蟑螂在冰箱里吗？

否　　　　　　　是

不要清空

他们吃过超级血清吗？

否　　　　　　　是

不要清空　　　　　清空

（2）

你最近见过巴尼吗？

否　　　　　　　是

巴尼计划休假吗？　　　不要清空

否　　　　　　　是

清空！　　　　　不要清空

你收到密码更改的通知了吗？

否　　　　　　　是

不要清空　　你最近修改过密码吗？

否　　　　　　　是

清空！　　　　不要清空

目前，每一棵单独的树只能看到当前情况的很小一部分信息。可能我们有一个极其合理的理由来解释为何巴尼不在附近——也许巴尼休病假了。而且如果蟑螂还没有吃掉超级血清的话，那也不意味着我们就安全。也许蟑螂取走了超级血清中的一些样本，或者甚至在为农场中的17亿只蟑螂酿造足够的一大批样本。

但是，决策树会把它们的预感组合在一起，所以当巴尼神秘地消失，血清不见了，同时你的密码谜一般地被修改了时，清空就成了一个深思熟虑之后的决定。

进化算法

人工智能通过先猜测问题的答案，再进行检验的方式来改进它的理解。上面提到的三种机器学习算法都是通过试错来改进自己的结构，产生最适合解决问题的神经元、链或树的配置。最简单的试错方法是永远沿着进步的方向走——如果你想要最大化一个数字（比如，在《超级马里奥兄弟》的游戏过程中获得的分数），这通常被称为爬山算法；如果你想最小化一个数字（比如逃脱的蟑螂的数量），这通常被称为梯度下降。但这种简单的接近目标的方法并不能永远都给出最好的结果。为了将简单爬山算法中的陷阱可视化，请想象你正在山上的某处（而且迷雾重重），努力寻找山的最高点。

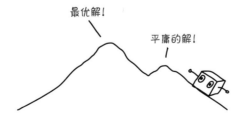

　　如果你用简单的爬山算法，无论如何你会一直朝上爬。但是考虑到你的起点位置，你也许会最终停在最低的峰顶——一个局部最大值——而不是最高的峰顶，即全局最大值。

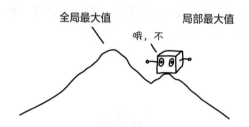

　　所以一些更复杂的试错算法会强迫你尝试多爬一会儿，也许先在几个不同的方向进行几次试验性的探索，然后再决定哪里可能是最有希望的区域。使用这些策略，你最终也许可以更有效地探索这座山。

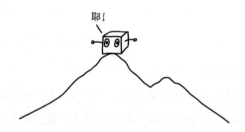

　　用机器学习术语来说，这座山叫作你的搜索空间——空间里的某个地方是你的目标（也就是说，山上的某处是山顶），你想努力找到它。有些搜索空间是凸的，这意味着基本的爬山算法每次都可以帮你找到山顶。其他的搜索空间则更加烦人。而最糟糕的空间是所谓的大海捞针问题，此时你几乎没有任何线索来描述你距离最优解有多远，直到你真的抵达最优解的那一刻。搜索素数就是一例大海捞针问题。

凸起　　　　　　　　大海捞针

机器学习算法的搜索空间可以是任何东西。比如说，搜索空间可能是组成一个可行走机器人的身体的各个部分的形状。它也可能是神经网络中所有可能权重的集合，此时"山顶"就是帮助你识别指纹或人脸的权重。搜索空间还可能是一个随机森林算法中可能的配置方式，此时你的目标是找到擅长预测用户最喜欢的图书或者蟑螂农场是否应该被清空的配置。

正如我们在前文已经学到的那样，如果可能的神经网络的配置组成的搜索空间没那么满足凸性，那么基本的搜索算法，比如爬山算法或梯度下降，也许不会帮你取得什么进展。所以机器学习研究者有时会转向其他更加复杂的试错方法。

其中一个策略的灵感来源是进化的过程。模仿进化是很有道理的——毕竟，如果进化不是一个一代代的"猜测与检验"的过程，它又是什么呢？如果一种生物和它的近邻在某些方面不同，而这种不同又能令它在生存和繁衍中取得优势，那么，它就会把这种有用的特质遗传给下一代。一种比同种类中其他个体游得更快的鱼也许会更容易逃脱捕食者，于是几代之后，它擅长游泳的后代就会比游得慢的鱼的后代更常见一些。而且进化是一个极具威力的过程——它解决了数不尽的移动和信息处理问题，想出了从阳光和热液喷口中提取食物的方法，还想出了如何发光、飞行和以看起来像鸟粪一样的外观来躲藏捕食者。

　　在进化算法中，每一种可能的解决方案就像一个有机体。在每一代中，那些最成功的解决方案得以生存下来，繁殖、突变或和其他的解决方案配对来产生不同的（希望也是更好的）后代。

　　如果你拥有努力解决一个复杂问题的经验，把每一种潜在解决方案当作一个生物可能会让你感到脑袋爆炸，更别提进食和交配了。但是让我们具体考虑一下。比如说我们想解决一个人流控制的问题：有一个叉状分开的走廊，我们想设计一个机器人，让它导引人们选择走其中的一边或另一边。

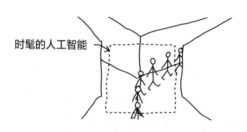

时髦的人工智能

　　我们做的第一件事是就是确定进化算法会改变哪些参数，决定我们机器人的哪些方面要事先固定，算法可以与哪些部分交互。通过设计固定的身体，我们可以把变量限制在有限的范围内，仅允许算法来改变机器人移动的方式。或者我们也可以允许算法从随机的小圆点开始，完全从头构建机器人的身体。我们假设这栋建筑的主人出于科幻审美的原因，坚持要设计一个看起来像人类的机器人。混乱的爬行块（当拥有绝对的自由时，进化算法创造的生物通常看起来就是这样的）是不行的。在基本的人形框架下，我们依然有很多可以改变的东西，但让我们搞得简单一点儿：允许算法改变一部分基本身体部件的大小和形状，每个部件均有一个简单的移动范围。用进化学的术语来说，这是机器人的基因组。

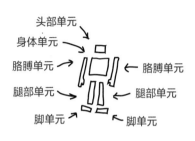

机器人基因组
身体部分尺寸：
头部单元：长，宽，高
身体单元：长，宽，高
……
行为：
默认行为
当人出现时
当人向左走时
当人向右走时
……

下一步是定义我们想要解决的问题，从而拥有一个可以做最优化处理的具体的数字。用进化学术语来说，这个数字就是适应度函数：一个描述某个机器人有多适合我们任务的数字。因为我们想要构建一个能在两条路的分岔口导引人们继续前行的机器人，比方说我们想要最小化人们走左侧通道的人数。这个数字越接近零，适应度就越高。

我们还需要一个模拟器，因为我们没有办法定制几千个机器人，或是雇人沿着走廊走几千次。（不用真实的人类也是出于安全考量——这些原因稍后会变得更明显。）所以比方说那是一个存在模拟的重力、摩擦力及其他物理存在的世界中的虚拟走廊。以及当然，我们需要虚拟的人和虚拟的行为，包括行走、视线、人群以及各种恐惧症、动机和不同程度的合作。这种模拟本身就是非常难的问题，所以我们假设我们已经解决它了。（请注意：在实际的机器学习中，这并不简单。）

得到可用的训练人工智能的环境的简单办法，是使用电脑游戏。这是为什么有如此多的研究人员训练人工智能玩《超级马里奥兄弟》，或者古早的雅达利游戏的部分原因——这些老游戏体量小，运行迅速，便于测试多种解决问题的技巧。就像人类电脑游戏玩家一样，人工智能也喜欢寻找和利用游戏中的漏洞。第 5 章中会有更多这方面的内容。

我们让算法随机生成我们的第一代机器人。它们……非常之随机。通常一代会产生几百个机器人，每一个都有不同的身体设计。

然后，在模拟环境中分别测验每一个机器人。它们表现得并不好。当它们跌倒在地，无力地挣扎时，人们直接从它们身边走过。也许它们中的某个跌倒的位置比其他机器人更靠左，稍微挡住了左侧的走廊，于是更谨慎的那些人决定改走右边的走廊。这个机器人比其他机器人的得分更高一点儿。

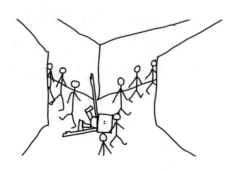

　　现在到了构建下一代机器人的时候了。首先，我们要选出哪些机器人可以生存下来繁衍下一代。我们可以仅仅保留那些表现最好的机器人，但这将使得我们的机器人群体过于同质化，我们也会错过那些在进化过程中或许可以稍作调整最终表现得更好的机器人设计方案。所以，我们将会保留一些最好的机器人，然后抛弃剩下的。

　　下一步，关于幸存的机器人如何繁衍后代，我们有许多选择。它们不能仅仅是自身的翻版，因为我们希望它们能够朝着更好的方向进化。有一种选择是变异：随机选择一个机器人，然后随机改变它身上的一些东西。

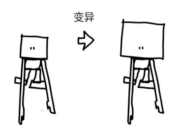

　　我们还可以采用的另一个选项是交叉：两个机器人产生的后代是它们自身的随机重组。

我们还需要确定每个机器人可以有多少个后代（最成功的机器人应该有最多的后代吗），哪些机器人可以和哪些机器人交叉（或者我们是否要允许交叉），以及我们要不要把所有被淘汰的机器人替换成后代，或者替换成一些随机生成的机器人？确定所有这些选项是构建一个进化算法的重要组成部分，有时我们很难确定哪些选项——或者说，哪些超参数——效果最好。

一旦我们构建好下一代的机器人，这个循环就再次开始了，我们继续在模拟环境中测试它们控制人流的能力。它们之中向左倒下的数量会变多，因为它们是第一代中略微更成功的机器人的后代。

在很多代的机器人之后，一些独特的人流控制策略开始出现。一旦这些机器人学会站起来，原来"向左倒，挡住去路"的策略就演化成了"站在左边的走廊里，表现得更加令人讨厌"。也出现了另一种策略——"努力地指向右边"的策略。但在解决我们的问题这方面，这些策略中没有哪个是完美的：机器人仍然在放任许多人溜进左边的走廊。

在许多许多代以后，出现了一个非常善于阻止人们进入左侧走廊的机器人。不幸的是，我们这一次很不走运，它发现的策略是"杀死所有人"。纯技术上来讲这种方法是有效的，因为我们让它做的只是最小化进入左侧走廊的人数。

　　因为适应度函数的问题，进化把算法引向了一个我们始料未及的解决方案。这些不幸的捷径在机器学习中的每时每刻都在出现，虽然通常并没有这么严重。（幸运的是，在现实中，"杀死所有人"通常是非常不切实际的。这给我们上了宝贵的一课：不要给自动的算法配备致命武器。）不过，这也是我们在思想实验中使用模拟人类而非真实人类的原因。

　　我们不得不从头再来，这一次我们把适应度函数设计成要最大化通过右侧走廊的人数，而不是最小化通过左侧走廊的人数。

　　事实上，我们可以采取一种（有些血腥的）捷径，仅仅改变适应度函数，不用完全从头开始。毕竟，我们的机器人已经学到很多杀人以外的技能——如何站立、探测人类的存在以及以吓人的方式移动手臂。一旦我们的适应度函数变为最大化走入右侧走廊的幸存者数量，机器人应该很快就可以学会放弃其谋杀行径。（还记得吗？这种重复使用一个不同但相关问题中解决方案的策略叫作迁移学习。）

　　所以，我们从这一群杀手机器人开始，偷偷地更换了它们的适应度函数。突然间，谋杀人类的方法一点儿用也没有了，而且机器人也不明白为什么会这样。事实上，那个最不擅长谋杀的机器人现在反而表现得最好，因为一部分尖叫的受害者成功地从右侧走廊逃脱了。在接下来的几代中，这些机器人在谋杀方面迅速地变得更差劲了。

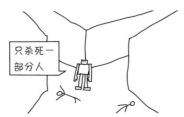

最终，也许它们只会变得看起来想要杀死你，而这会把大部分人吓进右侧的走廊。从杀手机器人组成的种群开始，我们确实限制了进化可能采取的路径。如果我们完全从头开始，我们也许会进化出站在右侧走廊的尽头吸引人们的机器人，或者甚至是那些双手变成"免费曲奇"标识的机器人。（虽然这些"免费曲奇"机器人应该会很难演化出来，因为仅仅演化出一个部分正确的标识其实完全不会起作用，所以我们很难奖励一个只是接近正确的解决方案。换言之，这是一个大海捞针问题。）

除了杀手机器人以外，最有可能发生的演化路径是"倒下，挡住去路"的机器人变得更加令人讨厌。（倒下是很容易做到的，所以如果一个演化后的机器人可以通过倒下来解决问题，它就会倾向于这样做。）通过这条路径，我们可以得到一个以完美地让百分之百的人进入右侧走廊的方式来解决问题的机器人（且在过程中不杀死任何人）。这种机器人看起来长这样：

---

① 此处"跳蚤"的英文（flea）和"免费"的英文（free）是很接近的。——译者注

是的，我们进化出了：一扇门。

这是人工智能的另一个问题。有时，它完全是一个对问题的常识性理解的替代物，却被不必要地复杂化了。

人们会用进化算法来解决各种设计问题，不仅仅是机器人。压扁时可以耗散冲击力的汽车保险杠，与其他有药用价值的蛋白质缠绕的蛋白质，一直旋转的飞轮——这些都是人们曾经用进化算法解决过的问题。进化算法也不一定要受限于一个描述物理实体的基因。我们可以有一辆汽车或一辆自行车，本身的设计是固定的，但控制程序是可以进化的。我曾经在前面提到，基因也可以是神经网络的权重或者是决策树的结构。不同的机器学习算法可以这样组合在一起，各取所长。

当我们仔细考虑在我们的星球上生命进化的巨型箭头时，我们发现了通过虚拟进化环境进行加速进化为我们带来的无限可能性。就像现实中的进化产生了许许多多复杂的生物，让它们可以利用最奇怪、最独特的食物来源一样，进化算法一直都在以其独创性让我们感到惊奇和愉快。当然，有时进化算法有点儿过于有创造性了——我们将在第5章中看到这一点。

生成式对抗网络

人工神经网络可以在图像方面做一些令人惊叹的事情，把夏天的景色变成冬天的，生成想象中的人脸，或是把一张猫的照片变成立体派的油画。这些惹眼的图像生成、图像混合以及图像滤镜的工具通常出自生成式对抗网络的手笔。它们是神经网络的一个子类，却有特别值得一提之处。与本章中其他机器学习算法不同，生成式对抗网络算是新鲜事物，2014年伊恩·古德费洛（Ian Goodfellow）和蒙特利尔大学的其他研究人员才提出了这个概念。[10]

生成式对抗网络的关键之处是，它实际上是两个同时运行的算法——两个互相通过试探对方来学习的对手。其中一个是生成器，想要模仿输入的数据集。另一个是判别器，想要发现生成器的模仿结果与真实数据之间的区别。

为了理解为何这对于训练图像生成算法有帮助，让我们看一个假想的例子。假设我想要训练一个生成式对抗网络生成马的图像。

我们要做的第一件事是找到许多马的样例图片。如果它们都展示同一匹马的同一姿态（也许我们对这匹马着了迷），而不是各种颜色、角度和光照条件的图片，生成式对抗网络会学习得更快。我们也可以通过使用一片空白同质的背景以简化任务。否则生成式对抗网络需要花费许多时间去学习何时以及如何画篱笆、草和游行的人群。如果数据集内容具体一致——比如只含有猫脸的图片，或是只从上方拍摄的拉面照片，大部分的生成式对抗网络可以生成照片一样逼真的脸、花卉和食品。在只含有郁金香花朵的照片上训练出来的生成式对抗网络可以生成非常逼真的郁金香，但它对于其他种类的花，甚至是有叶子或球茎的郁金香都一无所知。可以生成逼真人类头部的生成式对抗网络不会知道脖子以下有什么，脑袋背后是什么，甚至不知道人类的眼睛可以闭上。所以这也就是说，如果我们想要一个生成马的生成式对抗网络，那么化繁为简，只提供从侧面拍摄的纯白色背景的马的照片，我们就更容易成功。（而且这对我来说也很便利，这几乎是我绘画能力的极限了。）

　　既然我们已经有了数据集（或者在我们这个例子里，既然我们已经假装我们有了数据集），我们准备好了开始训练生成式对抗网络的两个部分——生成器和判别器。我们想要生成器观察马的图片组成的数据集，找出能使它生成更接近于所给数据图片的规则。从技术层面说，我们让生成器做的事情是把随机的噪声混入马的图片中——基于此，我们可以让它不仅仅生成单独的一张马的图片，还可以根据每种随机噪声相应地生成不同的马。

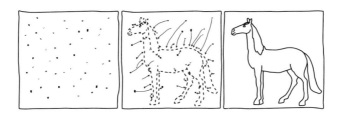

　　虽然在训练开始的时候，生成器还没有掌握任何关于画马的规则。它从我们的随机噪声开始，然后随机进行一些操作。根据它目前所知道的，就应该这么画马。

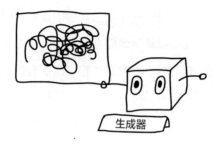

我们该如何给生成器糟糕的画作一些有用的反馈呢？既然这是一个算法，它就需要数字形式的反馈，一些量化的评价，这样生成器才能继续改进。一种有用的度量方式是，它的画作中有多少比例达到了可以以假乱真的程度。人类很容易就能判断这一点——我们很擅长区分毛皮涂片和真正的马。但是这个训练的过程需要几千张画，所以让人类来判断和打分是不切实际的。而且，对于这一阶段来说，人类评审员也会过于严苛——他们会看到生成器的两张涂鸦，然后都评价为"不是马"，哪怕其中一个比另一个稍微更像马一点儿。如果我们反馈给生成器的是它什么时候可以成功骗过人类，让对方以为它的画是真实的，那么它永远都不会知道自己是否在进步，因为它永远都没有办法骗过人类。

这就到了判别器登场的时候了。判别器的任务是观察这些画作，判断它们是不是训练集中的真实的马。在训练开始的时候，判别器在完成任务方面做得和生成器一样差：它仅仅能够把生成器的涂鸦和真实的马区分开。生成器那些稍微像马一点儿的涂鸦也许真的可以成功骗过判别器。

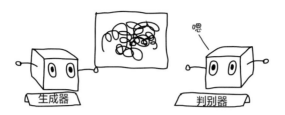

通过试错，生成器和判别器都有了更好的表现。

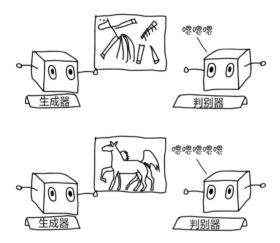

　　从某种程度上，生成式对抗网络是在用生成器和判别器进行一场图灵测试，它既是参赛者也是评审员。目标则是在训练结束的时候，它生成的马同样可以骗过人类评审员。

有时候，人们不会把生成式对抗网络设计得完全匹配输入的数据集，而是让它试着做一些"相似却不同"的事情。比如，一些研究人员设计了一个生成式对抗网络来生成抽象艺术，但他们想要的艺术并不仅仅是训练集中作品的无聊仿制品。他们设定判别器来判断这件艺术品是否和训练集很像，同时却不会把判别对象识别为属于哪个特定类型。通过对这两个有些矛盾的目标的追求，生成式对抗网络成功跨越了常规与创新之间的界限。[11]结果就是，它生成的图像大受欢迎，人类评审员甚至给对抗生成网络的作品打出了高于人类画作的分数。

混合、匹配、一同工作

我们已经知道了生成式对抗网络通过把两种算法组合在一起实现目标，一种生成图像，另一种给图像分类。

事实上，许多的人工智能都是其他更加专门的机器学习算法重新排列组合的结果。

比如说，微软的应用Seeing AI，是为视觉残障人士设计的。基于用户对不同"频道"的选择，这个应用可以完成下述不同任务：

- 识别视野中有什么并出声描述之；
- 阅读对着智能手机摄像头展示的文字；
- 读取货币面额；

- 识别人及人的情感；

- 找到并扫描条形码。

其中的每一种功能——包括关键的文本–语音转换功能——都很可能是由另一个单独训练的人工智能来驱动的。

艺术家格雷戈里·夏通斯基（Grégory Chatonsky）使用了三种机器学习算法来为艺术项目"这不是真正的你"生成画作。[12]一个算法是用来生成抽象艺术的，另一个算法的任务是把第一个算法的输出转换成不同的画风。最后，这位艺术家还使用了一个图像识别算法为图像生成标题，比如《多彩沙拉》、《火车蛋糕》和《坐在岩石上的比萨》。最终的作品是艺术家计划和策划的多算法合作的结果。

有时不同的算法可以融合得更紧密，在没有人类干预的情况下就可以使用多种功能。比如说，研究者戴维·哈（David Ha）和尤尔根·施米德胡贝（Jürgen Schmidhuber）使用进化算法来训练一个人脑启发的来玩电脑游戏《毁灭战士》的一关。[13]这个算法由三个算法共同组成。一个视觉模型负责感知游戏中发生了什么——视野中有火球吗？附近有墙吗？它把二维图片的像素转化成那些它认为重要的、值得追踪记忆的特征。第二个模型是一个记忆模型，负责预测下一步会发生什么。这就像本书中生成文本的递归神经网络，它会观察历史来预测哪一个单词或字母接下来最有可能出现。如果在几秒之前有一个火球在向左移动，它在下一张图像中很有可能会继续出现，仅仅是位置更偏左一些。如果火球一直在变大，它可能会变得更大（或者它可能会碰到玩家并引起巨大的爆炸）。最后，第三个算法是控制器，它的职责是决定采取哪些行动。它应该向左躲闪以避开火球的攻击吗？也许这是个好主意。

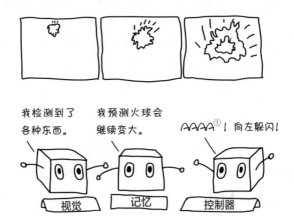

于是，这三个部分一同工作，它们看到了火球，意识到它们正在接近，然后躲开。研究人员选择每一个子算法的形式，以对它具体的任务实现最优化。这是有道理的，因为我们在第2章中学到了，机器学习算法在面对非常具体的任务时表现得最好。为机器学习算法选择正确的形式，或是把一个问题分解成一些用子算法来解决的任务，是程序员设计成功算法的关键。

下一章，我们会看到更多设计人工智能的方法，它们有的是为了成功，有的则相反。

---

① 一般键盘上的A键在游戏中的功能是向左移动。——译者注

第 4 章
它在努力了！

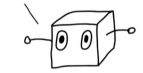

你是什么意思，不是每幅图里都有长颈鹿吗？

到目前为止，我们已经讲过人工智能是如何学习去解决问题的、它擅长解决的问题类型以及人工智能的弱点。现在，让我们来多关注一下弱点——人工智能驱动的解决方案成了解决实际问题的糟糕方式。这些情况包括从有一点点讨厌到非常严重的各种程度。这一章中，我们会讨论是什么因素使得人工智能无法有效解决问题，以及我们能够做些什么。导致这些问题的原因可能包括：

- 问题本身太过宽泛；
- 没有足够的数据让人工智能弄清楚发生了什么；
- 意外地给了令人工智能困惑或浪费时间的数据；

- 训练人工智能完成一项简单的任务，但实际生活中遇到的问题却复杂得多；
- 在一个并不能代表真实世界的模拟环境中训练人工智能。

太宽泛的问题

你可能已经很熟悉这一点了，因为我们在第 2 章中讨论适合用人工智能来解决的问题时就提到过。正如我们从脸书的人工智能助理 M 的失败中学到的那样，如果问题过于宽泛，人工智能将难以给出有用的回应。

2019 年，英伟达（一家制造人工智能中广泛应用的计算引擎的公司）的研究人员训练了一个叫作 StyleGAN 的生成式对抗网络（我们在第 3 章中讨论过的，由两个互相对抗的部分组成的神经网络）来生成人脸的图像。[1] StyleGAN 完成得非常出色，生成了许多照片般逼真的人脸图片，只出现了一些细节问题，比如不搭的耳环和不合理的背景。然而，当人类转而用猫的照片来训练 StyleGAN 时，它生成的猫有多余的四肢、额外的眼睛和奇怪而扭曲的脸。不同之处在于，人类照片的数据集是由从正面拍摄的人脸组成的，而猫图片的数据集则包括不同角度拍摄的猫，它们或在行走，或蜷缩着，或对着镜头喵喵叫。StyleGAN 不得不从多只猫咪的特写和图片，甚至是有人类的图片中学习，这对于一种算法来说有些太难处理了。很难相信，那些以假乱真的人脸和扭曲失真的猫是同一个基本算法的产物。任务越具体，人工智能看起来就越聪明。

请给我更多的数据

上面提到的StyleGAN算法，以及本书中的大部分人工智能，都是那种基于样本来学习的人工智能。拥有某种东西足够多的样本——足够的猫咪名字，或马的画，或成功的驾驶决定，或金融市场的预测，这些算法就可以学到各种规律，来帮助它们模仿它们所看到的东西。然而，没有足够的样本，算法就没有足够的信息来搞清楚正在发生什么。

让我们极端一点儿，看看当我们训练一个发明新冰激凌口味的神经网络，却只有很少的口味样本时会发生什么。我们只给算法提供下面8种口味：

巧克力

香草

开心果

麋鹿足迹

花生酱薄脆

薄荷巧克力薄脆

蓝月亮

香槟波旁香草配榅桲金色覆盆子暴风雪和蜜饯姜汁

毋庸置疑，这些都是很好的经典口味。如果你把这份列表交给一个人，他很可能会意识到这些应该是冰激凌口味，而且很可能会想到更多可以加入列表的口味。他也许会说，草莓或者黄油山核桃与哈克桑葚暴风雪。人类可以做到这些，因为他们了解冰激凌，知道哪些口味可能会出现在冰激凌之中。他们知道如何去拼写这些口味的名字，甚至知道这些单词应该以怎样的顺序出现（比如，是薄荷巧克力薄脆，而不是薄脆巧克力薄荷）。他们知道草莓是真实存在的，而花莓不存在。

但当我把同样的列表给一个没训练过的神经网络时，它没有这些信息可以利用。它不知道冰激凌是什么，甚至不知道英语是什么。它对于元音和辅音的区别，或是字母与空格或换行符的区别都一无所知。神经网络"看到"的这个数据集可能会有帮助，它把每个字母、空格和标点符号都翻译成了一个单独的数字：

3;8;15;3;15;12;1;20;5;24;22;1;14;9;12;12;1;24;16;9;19;20;1;3;8;9;

15;24;13;15;15;19;5;0;20;18;1;3;11;19;24;16;5;1;14;21;20;0;2;21;

20;20;5;18;0;3;8;9;16;24;13;9;14;20;0;3;8;15;3;15;12;1;20;5;0;3;8;

9;16;24;2;12;21;5;0;13;15;15;14;24;3;8;1;13;16;1;7;14;5;0;2;15;

21;18;2;15;14;0;22;1;14;9;12;12;1;0;23;9;20;8;0;17;21;9;14;3;5;26;

7;15;12;4;5;14;0;18;1;19;16;2;5;18;18;25;0;19;23;9;18;12;0;1;14;

4;0;3;1;14;4;9;5;4;0;7;9;14;7;5;18;

这个神经网络的职责是搞清楚字符出现的规则，比如，字符

13（对应字母m）可能在什么时候出现。它在字符24（对应换行符）的后面出现了两次，但在字符0（对应空格）的后面时只出现了一次。为什么呢？当然，我们并没有直截了当地告诉它原因。同时再来看看字符15（对应字母o）。有时它在一行中出现两次（都是在字符13后面），但另外几次它只出现了一次。我再一次产生了疑问，为什么？人工智能没有足够的信息搞清楚这背后的原因。同时因为字母f在输入数据集中从来没有出现，f完全不存在。无论这个人工智能再怎么努力尝试，它都不可能想出太妃糖（toffee）、咖啡（coffee）或软糖（fudge）这些口味[①]。

　　不过，神经网络还是很努力的，它也能想出一些办法。它发现元音字母和空格（字符1、5、9、15、21和0）很常见，所以在训练的开始阶段它的输出都长这样[②]：

```
aaaoo aaaaaaaaoalnat  ia eain l  e ee r  r e r er n
r en d edeedr        ed d nrd  d edi  r   rn    n   d
e e  eer d red d dd dr rr er r r n e ri  d edAe
eri   diedd rd eder  r edder dnrr    dde er ne r dn
nend n dn rnndr eddnr  re  rdre rdd    e r e e
dnrddrr rdd r
```

---

① 这些英文单词中都含有字母f。——译者注
② 本节中绝大多数生成的文本都没有任何意义，所有有意义的部分会给出中文翻译。——译者注

因为它的训练数据集中包含一个名字很长的冰激凌口味，它有点儿难以理解多久使用一次字符24（对应换行符）。但最终，它的输出开始分成单独的"口味"了：

tahnlaa aa otCht aa itonaC hi aa gChoCe ddiddddRe

　dCAndddriddrni dedweiliRee

aataa naa ai

tttCuat

数据集的第一个可识别的词出现需要更长的时间，然后算法开始记忆单个字母的组合（并通过某种"幽灵牛"阶段，这时它生成的口味就像在哞哞声和嘶嘶声中穿插出现的覆盆子）：

MoooootChopooopteeCpp

BlpTrrrks

Bll Monooooooooooooo

Pnstchhhhh

MoooosTrrrksssss

PeniautBuut tChppphippphppihpppi

Moonillaaaaal

Pnnillaaa

Buee Moooo

随着神经网络的训练继续，这些口味变得更加容易辨认了：

```
Moint Chooolate Chip

Peanut Butter Chip

Pistchhio

Bue Moo

Moose Trrack

Psenutcho

Vanilla

MintCcooolate Chhip

Psstchhio

Chaampgne Booouorr VanillaWith QciiG-Golddni

    aspberrrr ndirl AndCandiiddnngger①
```

当它记住的连续出现的字符序列变长后，它甚至还能从输入数据集中逐字复制一些口味的名字。如果再训练一段时间，它就能学会完美重现全部8种口味的数据集。但这并不是我们真正的目标。记住输入的样本和学习如何生成新的味道是不一样的。换句话说，这个算法未能实现泛化。

然而，如果有一个适当大小的数据集，神经网络可以取得更好的进步。当我用2 011种口味（仍然是一个小数据集，但不再是一

---

① 这次的生成结果与正确的冰激凌口味写法已经比较接近，同时绝大部分英文单词都存在拼写错误。——编者注

个小得可笑的数据集）来训练一个神经网络时，人工智能终于拥有了创造力。它生成了全新的口味，比如下面列出的以及第2章中的口味，原始数据集中并没有这些口味。

烟熏黄油

波本油

烤甜菜胡桃

谷物油

椰子绿茶

姜汁青柠奥利奥巧克力

胡萝卜啤酒

红蜜

青柠小豆蔻

奥利奥巧克力油+太妃糖

姜汁巧克力胡椒粉

所以在训练人工智能时，数据通常越多越好。为什么第3章中讨论的生成亚马逊评论的神经网络的训练数据是8 200万条产品评论，数字惊人，这就是原因。正如我们在第2章中了解到的那样，这也是自动驾驶汽车要在数百万英里路程和数十亿模拟里程的数据上训练，以及像ImageNet这样的标准图像识别数据集要包含的图片数量多达数百万张的原因。

但你要从哪里得到这些数据呢？如果你是像脸书或谷歌这样的

巨头，你手上可能已经有了这些庞大的数据集。例如，谷歌已经收集的搜索查询是如此之多，以至于它能够训练这么一种算法，当你在搜索窗口中开始输入时它就猜到你会如何完成一句话。（使用真实用户的数据进行训练的缺点之一在于，建议的搜索词最终可能是包含性别歧视和/或种族主义的。以及，有时只是纯粹奇怪。）在这个大数据时代，潜在的人工智能训练数据是一笔宝贵的财富。

但如果你手头没有这些数据，你就得想办法收集。如果项目足够有趣或有用，可以让人们对它感兴趣的话，众包会是一个性价比很高的选择。人们通过众包数据集来识别跟踪摄像头上的动物、鲸鱼的叫声，甚至是丹麦某条河流某块三角洲的温度变化规律。研究人员在开发人工智能驱动的工具来为显微镜下的样品计数时，可以要求他们的用户提交标签数据，他们便可以使用这些数据来改进工具的未来版本。

但有时候，众包的效果并不理想，我认为人类应当对此负责。比如我众包了一套万圣节服装，要求志愿者填写一个在线表格，把自己能想到的服装都列出来。然后算法就开始生产这样的服装，比如：

> 运动服装
> 性感吓人的服装
> 一般吓唬人的结构

问题是，有人明显是出于好心，决定输入一家服装店的所有库存样式。("你应该是什么？""哦，我是男式豪华IT服装——标准尺寸。")

除了依靠陌生人的善意和合作之外，还有一种选择就是付钱给别人，让他们对你的数据进行众包。像亚马逊Mechanical Turk之类的服务就是为此而生的：研究人员可以创建一个工作岗位（如回答有关图像的问题，扮演客户服务代表，或点击图片中的长颈鹿）。然后付钱给远程的工作人员，让他们完成任务。具有讽刺意味的是，如果有人接下这份工作，然后实际上偷偷把工作交给机器人，那么这种策略就会适得其反——机器人通常干得很糟糕。许多使用付费众包服务的人都会进行简单的测试，以确保阅读问题的是一个人类，或者最好是一个人在聚精会神地回答，而不是处于完全随意的状态。[2]换句话说，他们必须将图灵测试作为问题之一，以确保没有意外地雇佣一个机器人来训练自己的机器人。

另一种从小数据集中获得最大收益的方法是对数据进行小的改变，使一比特的数据变成许多个比特略有不同的数据。这种策略被称为数据增强。例如，将一张图像变成两张图像的简单方法是制作一张它的镜像图片。你也可以剪掉它的一部分或者稍微改变其纹理。

数据增强也可用于文本处理，但实际作用几乎可以忽略不计。要想把几个短语变成多个短语，策略之一是用意思相近的词来替换短语的各个部分。

　　一群马儿正在吃着美味的蛋糕。

一组马儿正在咀嚼奇妙的甜点。

几匹马正在享用布丁。

马儿们正在吃着小点心。

马儿们正在吞食着供应的糕点。

不过，这种生成自动运行的结果可能是一些奇怪和不太合理的句子。对于众包文本的程序员来说，更常见的做法是让很多人做同样的工作，这样他们就可以得到很多略有不同，但意思相同的答案。例如，一个团队做了一个视觉聊天机器人，它可以回答关于图像的问题。通过回答其他众包工作者提出的问题，他们从众包工作者那里获取训练数据，得到了一个包含3.64亿个问答的数据集。根据我的计算，每张图片平均被查看300次，这就是为什么他们的数据集会包含很多语句类似的答案。[3]

不，只有2只长颈鹿

不，只有这2只长颈鹿

有2只，它不是一只孤独的长颈鹿，而是一只幼崽长颈鹿和一只成年长颈鹿

不，这只是2只围栏里的长颈鹿

不，我只看到2只长颈鹿

不，只有2只可爱的长颈鹿

不，只有2只长颈鹿

不对，只有2只长颈鹿

不，只有2只长颈鹿

只有2只长颈鹿

从下面的答案可以看出，一些受访者的投入程度比其他受访者更高，态度更严肃：

是啊，我会完全满足这个长颈鹿

高大的长颈鹿可能会后悔为人父母

小鸟盯着长颈鹿问叶子被偷的事

这种问答方式的另一个效果是，每个人要对每张图片提10个问题，以至于人们最终根本不知道该问长颈鹿什么问题，所以问题有时就变得有些异想天开。人们提出的一些问题包括：

长颈鹿似乎了解量子物理和弦论？

长颈鹿似乎很乐意出演一部心爱的梦工厂电影？

长颈鹿在照片拍摄前看起来像是吃了人吗？

长颈鹿是不是在等着它的其他长着斑点的四条腿的领主出来，好让他们奴役人类？

从比伯到甘道夫，这个尺度的史诗级意义有多大？

你会说这些是黑帮斑马吗？

这看起来像精英马吗？

什么是长颈鹿之歌？

估计熊有多少英寸高？

请你注意任务。我问完问题后你要花点时间才开始打字。
我不喜欢等这么久，你喜欢等这么久吗？

人类会对数据集做一些奇怪的事情。

这就涉及下一个关于数据的问题：仅仅有很多的数据是不够
的。如果数据集有问题，最好的情况是算法在浪费时间，最坏的情
况则是，算法学到了错误的东西。

混乱的数据

2018年接受网站The Verge采访时，谷歌的人工智能技术负责
人文森特·范豪克（Vincent Vanhoucke）谈到了谷歌训练自动驾驶
汽车的努力。研究人员发现他们的算法在识别行人、汽车和其他障
碍物时出现了问题，于是回顾他们输入的数据，发现大部分的错误
可以追溯到人类在训练数据集中的标注错误。[4]

我当然也见过这种情况。我早期的项目之一是训练一个神经网
络来生成食谱。它犯了错误，而且是犯了很多错。它要求厨师执行
类似操作：

将蜂蜜、液态水、盐和3汤匙橄榄油混合
把面粉切成1/4英寸（0.63厘米）的小块

在冰箱里铺上黄油

放下一个抹油的锅

取出部分煎锅

它要求的原料有：

半杯包裹油

1个讲座叶子，解冻

6个方形的法式奶油

1杯意大利全碎块

它在处理庞大和复杂的配方生成问题时一定非常艰难。它的记忆和智力无法胜任如此宽泛的任务。但事实证明，它的一些错误根本不是它的错。最初的训练数据集包括一些计算机程序自动从另一种格式转成的食谱，而转换工作并不总能很顺利地完成。

神经网络的食谱之一要求：

1个草莓们

这是它从输入数据集中学到的一句话。有一个配方中包含短语"2 $\frac{1}{2}$ 杯切片加糖的新鲜草莓们[①]"，而这显然已经被自动分解为：

[①] 原文为英文复数名词形式，与中文习惯和规范不同，"们"的译法保留复数的含义。——编者注

2 $\frac{1}{2}$ 杯切片加糖的新鲜

1 个草莓们

神经网络偶尔也会提出"切碎的面粉"的要求，但它似乎是从原始数据集中的如下错误中学到的：

2/3 杯切碎的面粉

1 颗坚果们

类似的错误导致神经网络学到了以下的原料：

1（可选）

碎糖

1 粒盐和胡椒粉

1 根面条

1 向上

浪费时间的数据

有时候，数据集的问题并没有导致神经网络犯错，但是却浪费了许多时间。看看这个神经网络生成的菜谱吧：

好的波尼塞德调味汁

甜点

——点缀物——

4杯冷水或酵母肉

1/2杯黄油

1/4茶匙丁香

1/2杯植物油

1杯碎白米

1枝欧芹

将洋葱在油、面粉、枣、盐的混合物中煮熟，盛两盘。

把酱汁放到每个准备好的烤肉机上涂抹（2英尺10英寸的一面朝上）以降低脂肪，并加入玉米淀粉，用木质牙签热，所以会融化下面的鸡肉。用椰子和奶酪丝点缀。

来源：IObass Cindypissong (in Whett Quesssie. Etracklitts 6) Dallas Viewnard, Brick- Nut Markets, Fat. submitted by Fluffiting/sizevory, 1906. ISBN 0-952716-0-3015

NUBTET 10, 1972mcTbofd-in hands, Christmas charcoals Helb & Mochia Grunnignias: Stanter Becaused Off Matter, Dianonarddit Hht

5.1.85 calories CaluAmis

来源：巧克力派 一月 584

产量：2份

　　除了生成菜谱的标题、类别[1]、成分和说明之外，神经网络还花了一半的时间来生成脚注[2]——从来源到营养信息，甚至是ISBN（国际标准书号）编号。这不仅浪费了它的时间和脑力（它得花多长时间才能弄清楚如何格式化ISBN啊），也让它感到非常困惑。为什么有的菜谱有ISBN，有的没有？为什么有的菜谱给出人名作为来源，有的给出书籍或杂志？这些在训练数据中基本都是随机出现的，所以指望神经网络找出其深层次的模式简直毫无希望。

水中的梅斯托南甜配明克斯和馅料

烤猪肉

3包三文鱼丸

1个海盐和胡椒粉

120毫米西红柿和脱脂牛奶

2杯淡酸奶油

1杯干白葡萄酒

1颗盐

1粒胡椒

1个13盎司的，分离的鸡蛋罐头

把酸奶油涂到水球上来仔细涂抹肉质，然后播种，让它起

---

[1]　在数据集中，这个类别被错拼为 "deserts"，而不是 "desserts"，所以神经网络也误以为应该这样拼写。

[2]　神经网络在学习脚注上做得很差，大部分都是无意义的字符，所以食谱的脚注部分没有翻译，保留了英文 。——译者注

作用（缓缓的，用另一个晚上）（桂圆面包组成的水胶，包住它们，并把可能做雪利酒）在一个锅的中心，不断搅拌约4分钟，直到几乎完全光滑。大幅度搅拌水、盐、柠檬汁和土豆泥。

在黄油中烹调。立即食用。在杯上把鱼完全切成片，剩余的1杯豌豆片，从烤架上移走它一分钟部分下，并冷藏。它没有破损地使某一好的其他厚度。每次一块饼干来制作草莓[1]

摘自《克罗克的厨房》，第一章。The Extice Chef's Wermele to seasony, it's Lakes OAK:

****The from Bon Meshing, 96 1994. MG (8Fs4.TE, From: Hoycoomow Koghran*.Lavie: 676 (WR/12-92-1966) entral. Dive them, Tiftigs: ==1

由丹迪·拳头工厂分享。

产量：10份。

---

[1]　语句不完全通顺以及标点符号的缺失也是这个人工智能生成结果的一部分。——编者注

在另一个实验中，我训练了一个神经网络来为新闻网站BuzzFeed的列表文章生成新标题。然而，我的第一轮训练不怎么顺利。下面是它生成的文章标题的样本[①]：

11个视频昂热斯恼人太真实的一周

29个选择 qui aphole donnar desdade

17件你不完美、不美丽的事

11种选择，让你的人格得到升华

11 en 2015 fotos que des zum Endu a ter de viven beementer aterre Buden

15张 GIF

为什么你的不要美容学校的事情你的时间的14个原因

11张照片，让你从朋友那里学到了很多东西

18张照片，让书会让你应该 Bengulta 是在2014年

17个原因，我们在九生活中 Astroas Admiticational Tryihnall

它所生成的文章中的一半内容似乎并不是英文，而是奇怪的法语、西班牙语、德语和其他一些语言的混合物。这促使我回头检视数据集。果然，虽然它有92 000个文章标题可供学习，这个数据集的大小可谓令人印象深刻，但其中有一半是用英语以外的语言写的。神经网络花了一半时间学习英语，一半时间试图同时学习并分

---

① 因为神经网络的输出混合了多种语言，这里作者的用意是体现这种混杂的效果，所以非英语的部分没有翻译，那些字母部分应该是一目了然的。——译者注

离其他几种语言。我删除额外的语言的数据后，它用英语生成的标题质量立刻得到了改善：

17次最多屁股

43句保证让你立刻成为美人鱼的引言

31张忍者龟的发型服装照片

雪人不会告诉你的18个秘密

15位表情足球迷分享他们的方式

27个圣诞饰品，每个20多岁的大学生都知道

12种严肃的创意方式，把鸡肉的地方放在悉尼

来自世界各地的25种不幸的饼干表演

21张食物的图片，它们会让你畏惧，说"哦，我悲伤吗"

2015年，让你健康的10个记忆

24个澳大利亚绝对最差的时刻

23个关于有趣的备忘录，它们是有趣的，但也是嘲笑

18种美味培根美食，让小丑们十分快乐

万圣节喝茶的29件事

7个馅饼

32星座的毛头爸爸

由于机器学习算法不掌握要解决的问题的场景，所以它们不知道什么是重要的，什么是要忽略的。生成BuzzFeed列表标题的神经网络并不知道多语言会造成问题，也不知道我们只希望它生成英文

的结果；它所知道的只是所有这些模式都是同等重要的学习对象。在图像生成和图像识别算法中，将无关信息归零也是极其常见的。

2018 年，来自英伟达的一个团队训练了一个生成式对抗网络来生成各种图像，其中包括猫的图像。[5]他们发现，生成式对抗网络生成的一些猫都伴随着块状的文字标记。显然，一些训练数据中包含猫的模因①，而算法也尽心尽力地花时间去想办法生成模因文本。2019 年，另一个团队使用相同的数据集，训练了另一个人工智能——StyleGAN，它也倾向于在生成的猫附近加入模因文本。它还花了大量的时间学习如何生成一只长相不寻常但在网络上很有名的不爽猫②的图片。[6]

---

① 模因，又译媒因、文化基因、迷因、米姆、谜米、弥、弥因、弥母等。目前比较公认的定义是通过模仿在文化中人与人之间传播的思想、行为或风格，通常是为了传达模因所代表的特定现象、主题或意义。——译者注

② Grumpy Cat，原名塔达酱，是一只因其暴躁的表情而成为网红的雌猫。它的主人泰贝莎·彭德森指出它长期有着一副暴躁的表情是因为它患有软骨发育不全。——译者注

其他图像生成算法也会遇到类似的困惑。2018年，谷歌的一个团队训练了一个名为BigGAN的算法，它在生成各种图像方面表现出色，令人印象深刻。它特别擅长生成狗（因为数据集中有很多相关例子）和风景（它非常擅长处理纹理）的图片。但它看到的样本图片有时会让它感到困惑。它的"足球"图像有时包括一个肉质的肿块，它可能是在试着画一个人类的脚，甚至是整个人类守门员，而它的"麦克风"图像通常是人类，实际上没有明显的麦克风。它的训练数据中的样本图片并不单纯是它试图生成的事物的图片，这些图片中还有人和背景，神经网络也试图学习这些人和背景。但问题是，神经网络与人类不同，BigGAN没有办法区分对象的周围环境和对象本身——还记得本书第1章中风景与羊的难题吗？就像StyleGAN艰难地处理所有不同种类的猫咪图片一样，BigGAN也在与一个无意中使其任务过于宽泛的数据集进行着艰难的斗争。

如果数据集很混乱，程序员改善机器学习结果的主要方法之一，就是花时间清理数据集。程序员甚至可以更进一步，利用他们对数据集的了解来帮助算法。例如，他们可能会剔除那些足球图像中的其他东西，像守门员、风景和球网。在刚才那个图像识别算法的例子中，人类也可以以在图像中的各种项目周围画出方框或轮廓的方式来提供帮助，手动将给定的物体从它通常与之相关的物品与环境中分离出来。

很多时候，即使是干净的数据也会包含问题。

这是真实的生活吗？

我在本章前面提到过，即使数据比较干净，没有很多多余的浪费时间的东西混在里面，但如果数据不能代表真实世界，也会导致人工智能栽个跟头。

以长颈鹿为例吧。

在人工智能研究者和爱好者组成的社区中，人工智能有个坏名声，叫作随处可见长颈鹿。遇到一张随机的、无趣的风景照片——例如一个池塘或者一些树木时，人工智能都会倾向于报告存在长颈鹿。这种效应是如此普遍，以至于互联网安全专家梅丽莎·埃利奥特（Melissa Elliott）提议用"长颈鹿"一词来形容人工智能过度报告相对罕见的景象的现象。[7]

这背后的原因与用来训练人工智能的数据有关。虽然长颈鹿并不常见，但人们拍摄长颈鹿（"嘿，酷毙了，一只长颈鹿！"）的可能性要比拍摄随机的枯燥风景大得多。许多人工智能研究人员训练他们算法的大型免费图像数据集往往包含许多种不同动物的图像，但很少（如果有的话）包含单纯是普通的泥土或普通树木的照片。研究这个数据集的人工智能会了解到长颈鹿比空地更常见，并相应调整预测。

我用视觉聊天机器人进行了测试，无论我给它看什么无聊的图片，机器人都确信它正在进行一场有史以来最棒的野外旅行。

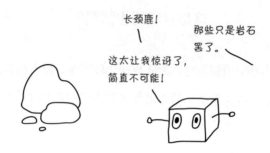

　　一个长颈鹿人工智能在匹配它所看到的数据这一点上做得非常好，但在匹配真实世界方面则表现得非常糟糕。不仅仅是动物和泥土，在我们训练人工智能的数据集中，各种各样的东西，都曾被过高或过低地代表了。例如，人们指出，与具有类似成就的男性科学家相比，女性科学家在维基百科上的出现率明显更低。［2018年诺贝尔物理学奖得主唐娜·斯特里克兰（Donna Strickland）直到获得诺奖后才成为维基百科文章的主题——就在当年早些时候，维基科上一篇关于她的文稿被拒收，因为编辑认为她不够出名。[8]］在维基百科文章上训练的人工智能便可能会认为，著名的女性科学家非常少。

数据集的其他怪癖

　　出现在训练好的机器学习模型中的个别数据集的怪癖，其出现的方式有时候相当令人惊讶。2018年，谷歌翻译的一些用户注意到，当他们要求翻译器将一些语言中重复的无意义的音节翻译成英语时，所生成的文本具有奇怪的一致性——而且是奇怪的《圣经》中的那种风格。⁹《主板》的乔恩·克里斯蒂安（Jon Christian）进行了调查，发现例如"ag ag ag ag ag ag ag ag ag ag ag ag ag ag ag ag ag ag ag ag"从索马里语翻译成英文就是"因此，革顺之子的族人总数为十五万人"。同时，"ag ag ag ag ag ag ag ag ag ag"从索马里语翻译成英文就是"它一端的长度是100肘①"。

　　当《主板》联系谷歌后，奇怪的翻译消失了，但问题依然存在：为什么会出现这种情况？编辑采访了机器翻译方面的专家，他们分析认为，这是因为谷歌翻译是以机器学习的方式翻译的。在机器学习翻译中，算法通过观察人类翻译的示例短语来学习翻译单词和短语。它学习哪些短语在哪些语境下可以翻译成其他哪些短语。这使得它通常非常擅长做出准确的翻译，哪怕对象是习惯用语和俚语。谷歌的翻译算法是机器学习最早的大规模商业应用之一。2010年，该算法令谷歌的翻译服务质量取得了肉眼可见的显著提升，几乎在一夜之间吸引了全世界的目光。正如我们在第2章中了解到的那样，当机器学习算法有很多样本可供使用时，它能够有最好的表现。机器翻译专家分析认为，对于某些语言的翻译文本，谷歌翻译并没有太多的例子，但《圣经》很可能是他们的数据集中确实包含的样本，因为它已经被翻译成了那么多种语言。驱动谷歌翻译的机器学习算法不确定如何翻译时，便可能默认输出其训练数据的片段，于是出现了奇怪的宗教片段。

①　肘也称为腕尺，是古老的长度单位，以手臂由手肘到中指顶端的距离为准。在中世纪及近代世界许多地区都有"肘"这个单位，但定义的长度不完全一样。长度在45~55厘米。——译者注

当我在2018年年底检查时,《圣经》的部分已经消失了,但谷歌翻译在翻译重复或无意义的音节时,仍然在做一些奇怪的事情。[①]

例如,如果我改变一个英语句子中空格出现的位置,然后将生成的乱码从毛利语翻译成英语(下面已译为中文),会得到什么结果呢? 以下是其中一些结果:

> ih ave noi dea wha tthi ssen tenc eis sayi ng ->
> 你的电子邮件地址是这个论坛中最重要的功能之一。
> ih ave noi dea wha tthi ssen tenc eis sayi ngat all ->
> 这是你可以购买一个或多个这些商品最好的方法。
> ih ave noi dea wha tthi ssen tenc eis sayi ngat all ple aseh elp ->
> 此外,你还可以找到更多关于查询对象的内容。

这种现象很奇怪,很有趣,但也有需要严肃对待的一面。许多私有的神经网络的训练数据都来自客户信息——其中一些信息可能是高度私密或保密的。如果训练好的神经网络模型可以被这样反推,它们就可能在测试数据中透露信息,而这会导致相当大的安全风险。

2017年,来自谷歌大脑项目的研究人员证明,一个标准的机器学习语言翻译算法可以记住短的数字序列——比如信用卡号码或

---

① 谷歌翻译的算法在不断更新,所以这些结果会随着时间的推移而显著变化。

社会保障号码，即使它们在一个由10万个英语—越南语的句子对组成的数据集中只出现了4次。[10]尽管无法获知人工智能的训练数据或内部运作方式，在这种情况下，研究人员依然有所发现，如果人工智能在训练时看到的是一对完全相同的句子，翻译成功的把握就更大。通过调整测试句子中的数字，比如"我的社会保障号码是XXX–XX–XXXX"，他们可以找出人工智能训练时看到的社会保障号码。他们在一个由十几万封邮件组成的数据集上训练了一个递归神经网络，这些邮件中包含美国政府在调查安然公司（是的，就是那个安然公司）时所收集的敏感员工信息，并且能够从神经网络的预测中提取出多个社会保障号码和信用卡号码。神经网络以这种方式记住了这些信息，以至于任何用户都可以恢复这些信息——哪怕不访问原始数据集。这个问题被称为无意记忆，可以通过适当的安全措施来防止，或者首先将敏感数据排除在神经网络的训练数据集之外。

缺失的数据

还有一种破坏人工智能的方法：别给它所有需要的信息。

即使是做最简单的选择时，人类也会用到很多信息。比如说，我们要为我们的猫咪选择一个名字。我们可以想到很多我们知道名字的猫咪，并形成关于猫咪名字听起来应该是什么样子的粗略想法。神经网络可以做到这一点——它可以查看一长串现有的猫咪名字，找出常见的字母组合，甚至是一些最常见的单词。但它不会知道不在现有猫咪名字列表中的那些单词。人类知道应该避开哪些词，人工智能却不知道。因此，递归神经网络生成的猫咪名字列表会包含这样的名字：

投掷者

下蹲者

杰克斯利·泡菜

沙发

激流

凝块

呻吟

嘟嘟

小便

干呕者

疥疮

叮当先生

从发音和长度来看，它们与其他的猫咪名字吻合得很好[1]。人工智能在这部分做得很好。但它不小心选了一些非常非常奇怪的单词。

---

① 列表中的名字（英文）写法与很多正常猫咪名字的写法形近，既有错别字一样的结果，也包含一些有意义的名词。——编者注

有时，怪异正是我们想要的，而这便是神经网络大显身手的时刻了。它们是在字母和音节的层级上工作，而不是在意义和文化背景的层级上工作，它们可以构建出人类可能不会想到的组合。还记得在本章前面的地方，我众包了一份万圣节服装的清单吗？下面是我要求一个递归神经网络模仿它们时，它想出的一些服装：

鸟巫师

迪斯科怪物

死神哑剧

斯巴达·甘道夫

蛾马

星际舰队鲨鱼

蒙面盒子

熊猫蛤蜊

鲨鱼牛

僵尸校车

斯内普稻草人

熊猫教授

草莓鲨鱼

船尾虫王

失败的蒸汽朋克蜘蛛

女士废品

卷毛女士的机器人

芹菜蓝科学怪人

自由之龙

鲨鱼公主

蛋糕裤

泡菜鬼

吸血鬼猪新娘

比萨雕像

南瓜皮卡

　　文本生成递归神经网络所生成的结果没有因果关系，因为它们的世界本质上就没有因果关系。如果具体的样本不在其数据集中，神经网络将不知道为什么"僵尸校车"不太可能，但"魔法校车"是明智的，或者为什么"泡菜鬼"比"过去的圣诞鬼"更不可能。这种独创性在万圣节的时候就有用武之地了，因为万圣节的乐趣之一就是成为派对上唯一一个打扮成"吸血鬼猪新娘"的人。

　　由于对世界的认知有限而狭窄，即使面对相对普通的事物，人工智能也会很吃力。我们所谓的"普通"依然十分宽泛，而打造一个为所有这些都做好准备的人工智能是相当困难的。

　　微软Azure的图像识别算法（就是那个在每一块田地里都能看到羊的人工智能）的创造者设计时希望它能够准确地给用户上传的任何图像文件加上字幕，不管是照片还是画作，甚至是线描画都可以。所以我给了它一些草图让它识别。

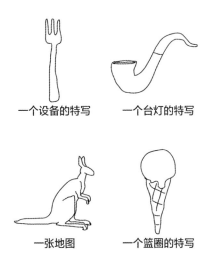

一个设备的特写　　一个台灯的特写

一张地图　　　　一个篮圈的特写

目前，我的线描画不是很好，但也没有那么差。这只是一个算法用力过猛的例子。识别任何图像文件这项工作几乎与我们知道的人工智能擅长的具体任务背道而驰。微软 Azure 在训练过程中看到的大部分图像都是照片，所以它对图像的理解极其依赖纹理——它是毛皮？是草吗？在我的线描画中，没有纹理可以帮助它，算法只是没有足够的经验来理解它们。（不过，Azure 算法的表现比很多其他图像识别算法要好，那些算法会将任何一种线描画识别为未知物。）研究人员正致力于用漫画、图画以及纹理变化很大的照片训练图像识别算法，他们的理由是，如果人工智能能像人类一样理解它所看的东西，它应该能搞清楚漫画画的是什么。

有一种专门识别简单线描画的算法。谷歌的研究人员通过让人们与电脑玩你画我猜的游戏，在数百万张线描画上训练他们的算法 Quick Draw。结果，该算法可以识别 300 多种不同物体的线描画，即使人们的绘画水平参差不齐。下面只是其训练数据中一小部分关于袋鼠的线描画样本[11]：

Quick Draw 马上就识别出了我的袋鼠。[12]它还认出了叉子和冰激凌甜筒。管子给它带来了一些麻烦，因为管子不在它所知道的345种物体之列。它认为这不是天鹅就是花园消防栓。

事实上，由于Quick Draw只知道如何识别那345种物体，它对很多我的线描画的反应是非常奇怪的。

最佳猜测结果：香蕉皮（1.97408）

最佳猜测结果：高大的怪物（0.821636）

如果你像我一样,把标新立异作为目标,那这一切就都还不错。但这种对世界不完整的理解确实会在某些应用中导致问题——例如,自动补全。正如我们在第 3 章中了解到的那样,智能手机中的自动补全功能通常由一种叫作马尔可夫链的机器学习算法来驱动。但公司很难阻止人工智能一派天真地给出令人沮丧的或具有冒犯性的建议,为此要颇费一番工夫。正如安卓系统自动更正应用(名为 GBoard)的项目经理达恩·范·埃施(Daan van Esch)告诉互联网语言学家格雷琴·麦卡洛克(Gretchen McCulloch)的那样,"有一段时间,当你打出'我要去我奶奶的'时,GBoard 会建议下一个词为'葬礼'。这本身并没错。也许这比'我奶奶的狂欢派对'更常见。但同时,这也不是你想被提醒的事情。所以还是小心一点儿为好。"[13] 人工智能并不知道这个完全准确的预测反而不是正确答案,所以人类工程师不得不出面教它不要提示那个词。

有四只长颈鹿

视觉聊天机器人——一个被训练回答有关图片问题的人工智能,表现出了很多与数据相关的有趣怪癖。构建这个机器人的研究人员在由图片和相关问答组成的众包数据集上训练它。正如我们现在所知道的那样,数据集中的偏差可能会误导人工智能做出错误的回答,因此程序员在收集他们的训练数据时会刻意避免一些已知偏差。他们想要避免的偏差之一是视觉启动,即人类在问关于图像的问题时，往往会问一些会得到肯定回答的问题。人类很少会对着一张没有老虎的图像问"你看到老虎了吗"。因此，在该数据集上训练的人工智能会学习到大多数问题的答案是肯定的。在一个案例中，一个在有偏差的数据集上训练的算法发现，对任何以"你看到……"开头的问题回答"是"将实现87%的准确率。如果这听起来很熟悉，你还记得第3章中的类别不平衡问题吗？一大批糟糕的三明治会导致人工智能得出结论，人类讨厌所有的三明治。

因此，为了避免视觉启动，程序员在众包收集问题时会将图像隐藏起来，不让提问的人看到。通过强迫人类提出通用的"是"或"否"问题——这些问题可以适用于任何图像，他们在数据集中实现了"是"的答案和"否"的答案之间的大致平衡，但即使这样也不足以消除问题。

数据集中最有趣的一个怪癖是，无论图片的内容是什么，如果你问视觉聊天机器人有多少只长颈鹿，它几乎都会回答说至少有一只。它相对来说做得比较好的可能是识别在开会的人的图片，或者是立于浪间的冲浪者的图片，直到被问到长颈鹿的数量。然后，几乎无论如何，视觉聊天机器人都会报告说，图片中包含一只长颈鹿，或者可能是四只，甚至"多得数不清"。

问题的根源在哪里呢？在数据集的收集过程中，提问者很少会问"有多少只长颈鹿"而答案是零。为什么会这样呢？在正常的对话中，当人们都知道没有长颈鹿时，他们不会开始询问对方长颈鹿的数量。这样一来，视觉聊天机器人就为与正常的、受到礼貌规则约束的人类对话做好了准备，但它并没有对与会随机询问长颈鹿数量的奇怪人类对话做好准备。

由于人工智能的训练素材是正常人类之间的正常对话，所以它们对其他形式的怪异提问也完全没有准备。给视觉聊天机器人看一个蓝色的苹果，并提问"苹果是什么颜色的"这个问题，它就会回答"红色"或"黄色"或一些正常的苹果颜色。视觉聊天机器人并没有学会识别物体的颜色，这是一项困难的工作，它只是学到"苹果是什么颜色的"这个问题的答案几乎都是"红色"。同样，如果视觉聊天机器人看到一张染成亮蓝色或橙色的羊的图片，它对"羊是什么颜色"的回答就是报出标准的羊的颜色，比如"黑白色"或"白色和棕色"。

事实上，视觉聊天机器人并没有太多用来表达不确定性的工具。在训练数据中，人类通常知道图片中的情况，即使一些细节性的问题，比如"这个标志说的是什么"可能会因为标志被挡住而无法回答。对于"X是什么颜色"这个问题，视觉聊天机器人学会了回答"我看不出来，是黑白的"，即使图片很明显不是黑白的。对于"她的帽子是什么颜色"这样的问题，它会回答"我看不出来，我看不到她的脚"。它为困惑提供了合理的借口，却用在了完全错误的语境中。然而，有一件事它通常不会做，那就是表达一般的困惑——因为它所学习的人类并不困惑。如果你给它看一张《星球大战》中球状机器人BB-8的图片，视觉聊天机器人会声称这是一只狗，并开始回答关于它的问题，就好像它真的是一只狗。换句话说，视觉聊天机器人在虚张声势。

人工智能在训练过程中见过的东西只有这么多，这对于像自动驾驶汽车这样的应用来说是一个问题，因为它不得不面对人类世界无穷的怪异行为，还要决定如何处理这些情况。正如我在第2章关于自动驾驶汽车的小节中提到的，在真实道路上驾驶是一个非常宽泛的问题。处理人类可能说的或画的各种各样的事物也是如此。结果是：人工智能会根据其对外部世界的有限模型做出最好的猜测结果，而这些结果有时滑稽可笑，有时则非常悲惨——是错的。

在下一章中，我们将看看那些很好地解决了我们要求它们解决的问题的人工智能——只是我们不小心要求它们去处理错误的问题。

第 5 章
你究竟想干什么

技术上讲，这些数字里面再也不会有错误了。

　　我曾经试着写了一个神经网络来最大化投注赛马的利润。它确定的最佳策略是不下注。

——@citizen_of_now[1]

我试着让一个机器人通过进化算法来避免撞墙。

1. 它进化后不会移动了，所以不会撞墙。

2. 提高了移动能力对应的适应度：它开始旋转。

3. 提高了水平移动对应的适应度：它走了一个小圈子。

4. 以此类推。

得到的书名是："如何进化成一个程序员"

—— @DougBlank[2]

我给我的扫地机器人连接了一个神经网络。我想让它学会在不撞到东西的情况下导航，所以我设置了一个奖励方案，鼓励更快的速度，惩罚保险杠传感器的碰撞。结果它学会了向后开，因为后面没有保险杠。

——@smingleigh[3]

我的目标是训练机械臂做煎饼。作为第一个测试，（我试着）让机械臂把煎饼扔到盘子里……第一个奖励系统很简单——在这个环节中，每一帧后会给出一个小奖励，如果煎饼掉到地上，这个环节就结束了。我认为这种奖励算法能尽可能地延长煎饼在盘子里的时间。实际上，它所做的是把煎饼甩得越远越好，尽量延长它在空中的时间……煎饼机器人得一分，我得零分。

——Christine Barron[4]

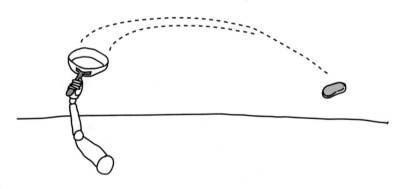

正如我们所看到的，通过给人工智能提供错误或不充分的数据来破坏它的方法有很多。但还有一种人工智能的失败情况是，我们发现它们已经成功地完成了我们的要求，但我们要求它们做的事情并不是我们真正希望它们做的事情。

为什么人工智能总是倾向于去解决错误的问题？

1. 它们解决问题的方法是自行发展得出的，并不依赖于程序员一步步的指示。

2. 它们缺乏背景知识，无法理解它们的解决方案在什么情况下不是人类所希望看到的。

即使人工智能真的想出了解决问题的办法，程序员还是要确保人工智能真的解决了问题。这通常涉及以下的很多工作：

1. 明确定义目标，明确的程度应当足以将人工智能限制在给出有用答案的方向上。

2. 检查一下人工智能是否还是会给出没有用的解决方案。

要想出一个人工智能不会意外曲解的目标真的非常棘手，当它曲解后的任务比你想让它做的任务更容易时，尤为如此。

问题在于，正如我们在本书中所看到的那样，人工智能对其任务的理解远远不足，无法考虑到背景、伦理或基本的生物学因素。人工智能可以将肺的图像分为健康的与病变的，却从来没有了解过肺是如何工作的、它的大小尺寸，甚至不知道它是在人体内发现的——更不要说了解人是什么了。它们没有常识，也不知道什么时候该问清楚。给它们一个目标——要模仿的数据或要最大化的奖励函数（比如在电子游戏中走过的距离或获得的积分），它们就会去做，不管它们是否真的在解决你的问题。

从事人工智能工作的程序员们已经学会了如何从哲学角度看待

这个问题。

"我已经习惯于把人工智能想象成一个恶魔，它故意曲解你的奖励，并积极寻找最懒惰的局部最优解。这有点儿可笑，但我发现这其实是一种富有成效的心态。"谷歌的人工智能研究员亚历克斯·艾尔潘（Alex Irpan）写道。[5]

还有一位程序员试图训练虚拟机器狗走路，结果却令他郁郁不已：狗在地面上抽搐，做奇怪的俯卧撑动作，后腿交叉，甚至利用模拟环境的物理漏洞来悬停在空中。[6]正如工程师斯特林·克里斯宾（Sterling Crispin）在推特上写的那样：

> 我以为我取得了进展……但这些混蛋只是发现了物理模拟中的一个漏洞，它们正在利用它在地板上滑行，像是一个彻头彻尾的作弊者。

在与机器狗除了走路之外什么都做的倾向斗争的过程中，克里斯宾不断调整它们的奖励函数，引入"踢踏舞惩罚"来阻止它们在原地拖着腿走路，并引入"触摸该死的地面奖励"来，嗯，阻止悬停的问题。它们的反应则是开始在地面上无效地滑行。于是克里斯宾引入了一个奖励，奖励机器狗的身体离开地面，在它们开始拖行，后半身卡在空中的时候，奖励它们保持身体水平。为了不让它们坚持后腿交叉着走路，克里斯宾就奖励它们下肢离地，为了不让它们乱动，他又推出了另一个保持身体水平的奖励，等等。很难说这是一个善意的程序员在试图给机器狗一些关于如何使用它们的腿的提示，还是程序员和"绝对不想走路"的机器狗之间的意志对决。（由于训练是在绝对平坦光滑的地面上进行的，机器狗在第一次遇到新的状况时，也会遭遇一点儿困难。面对稍微有一些起伏的污尘，它们都会仰面朝天栽倒在地。）

事实证明，训练机器学习算法与训练真正的狗有很多共同之处。即使狗真的想配合，人们也会不小心训练它们做出不该做的事情。例如，狗的嗅觉非常出色，它们可以察觉人类体内的癌细胞的气味。但训练嗅癌犬的人使用各种病人进行训练时必须小心翼翼，否则嗅癌犬学会的就是识别出个别病人而不是癌症。[7]"二战"期间，苏联有一个相当严酷的项目，就是训练军犬向敌人的坦克递送炸弹。[8]这时，出现了几个困难：

1. 训练军犬从坦克下面取食物，但为了节省燃料和弹药，训练时坦克一直没有移动或开火。军犬们不知道该如何应对移动的坦克，与此同时，射击也令它们感到恐惧。

2. 军犬训练时使用的苏军坦克与军犬应该寻找的德军坦克气味不同——它们燃烧的是汽油，而不是苏军坦克燃烧的柴油。

因此，在战役中，这些军犬往往会避开德军坦克，在混乱中回到苏军士兵身边，甚至寻找苏军坦克。这对苏军士兵来说是非常致命的，因为这些军犬身上还绑着炸弹。

用机器学习的语言来说，这就是过拟合：这些军犬为它们在训练中看到的条件做好了准备，但这些条件并不符合真实世界的条件。同样，机器狗也过拟合了模拟环境中奇怪的物理情况，使用了在现实世界中永远不会奏效的悬停和滑翔策略。

还有另一个训练动物和训练机器学习算法的相似之处，那就是错误的奖励函数带来的毁灭性影响。

利用奖励函数的漏洞

海豚训练师早就知道，让海豚帮忙保持鱼缸清洁很方便。教海豚去捡垃圾然后把垃圾带给饲养员，以换取一条鱼，就可以了。然而，这个办法并不总会奏效。有些海豚发现，不管垃圾有多大，交换的鱼都是一样的，于是它们学会了囤积垃圾而不是归还，它们的做法是，撕下小块的垃圾带给饲养员，以换取更多的鱼。[9]

当然，人类也会利用奖励函数的漏洞。在第 4 章中我提到，通过亚马逊 Mechanical Turk 等远程服务雇用人类生成训练数据的人，有时会发现他们的工作反而是由机器人完成的。这可以被看作奖励函数出现漏洞的案例——如果报酬的发放是基于回答问题的数量，而非回答的质量，那么打造能够为你回答很多问题的机器人，与亲自回答较少的问题相比，确实更有经济意义。同理，很多犯罪和欺诈的行为都可以被认为利用了奖励函数的漏洞。就连医生也可以利用他们奖励函数的漏洞。在美国，医生的报告单应该用于帮助病人选择表现好的医生，避免那些手术存活率低于平均水平的医生。它们还应该鼓励医生提高自己的表现。可实际情况恰好相反，一些医生开始拒绝那些手术会有风险的病人，以免自己的报告单受到影响。[10]

然而，人类通常对奖励函数应该鼓励什么有一定的概念，哪怕他们并不总是选择配合。但人工智能没有这样的概念。这并不是说它们要和我们作对，也不是说它们要作弊，而是说它们的虚拟大脑大概只有虫子的大小，而且它们每次只能学习一个具体的任务。训练一个人工智能来回答关于人类伦理的问题，那么这就是它能做的全部——它不会学会开汽车，不会学会识别人脸，也不会筛选简历。它甚至无法识别故事中的伦理困境并将其纳入考虑，理解故事是又一项完全不同的任务。

这就是为什么你会得到这样的导航应用算法：在2017年12月的加州大火中，它将汽车引向了着火的街区。它并不是故意杀人：它只是看到那些街区的车流较少。没有人告诉过它有火灾发生。[11]

这就是为什么当计算机科学家乔尔·西蒙（Joel Simon）使用进化算法为一所小学设计一种新的、更有效的布局时，算法的第一个设计是深埋在复杂圆墙洞穴中心的教室，而且没有窗户。没有人告诉它窗户或消防通道的事情，也没有人跟它提过墙壁应该是直的。[12]

标准的学校设计方案

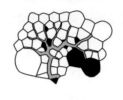
人工智能优化后的学校设计方案

这也是为什么你会得到像我训练的递归神经网络这样的算法：它通过模仿现有的小马名字列表来生成新的小马名字——它知道小马名字中会出现哪些字母组合，但它不知道这些字母的某些组合最好避免。结果，我最终得到了这样的小马的名字：

拉德史莱姆

蓝色讥咒

斯塔利奇

德迪之星

痘疤

覆盆子粪便

帕皮臭

泔水砖

科罗纳

星际狗屎

这就是为什么你会得到一些学会了种族和性别歧视的算法，因为这是模仿它们数据集中人类行为的便利手段。算法不知道模仿偏见是错的。它们只知道这是一种帮助它们实现目标的模式。它们需要程序员来教它们道德和常识。

令人困惑的电脑游戏

人工的一个热门测试问题是学习玩电脑游戏。游戏很有趣：它们是绝佳的演示，许多最早期的电脑游戏可以在现代计算机上非常快速地运行，因此人工智能可以在很短的时间里完成数千小时的游戏过程。

但即使是最简单的电脑游戏，对人工智能而言也很难——这往往是因为它需要非常具体的目标。最好的游戏是能让算法马上得到反馈，知道自己做的事情是否正确的游戏。所以，"赢得比赛"并不是一个好的目标，但"提高你的分数"甚至"尽可能长时间地活着"可能都是。然而，即使有了好的目标，机器学习算法仍然可能难以理解当前的任务。

2013 年，一位研究人员设计了一种玩经典电脑游戏的算法。在玩俄罗斯方块时，它会看似随意地摆放积木，让它们堆积得差不多到屏幕顶部。然后，算法会意识到，只要下一个积木出现，它就会输，于是它……永远地暂停了这个游戏。[13, 14]

事实上，"暂停游戏，这样就不会发生坏事"，"待在关卡的最开始，那里是安全的"，甚至"在第 1 关结束时死掉，这样第 2 关就不会杀死你"，这些都是机器学习算法会使用的策略，如果你允许算法使用的话。这就好像是颇有文字功底的幼儿在玩游戏一样。

如果人工智能没有被告知要避免失去生命，它就无法知道自己不该死。一位研究人员设法训练了一个玩《超级马里奥兄弟》的人工智能，它一路过了第2关，却在第3关开始时立即跳进坑里死掉。程序员得出的结论是，人工智能（在没有被特别告知不要失去生命时）不知道自己做了坏事。它死后被送回了关卡的开头，但由于它离关卡的开头是如此之近，以至于它并没有看出问题所在。[15]

另一个人工智能的开发目的是玩帆船比赛游戏。[16]该人工智能控制着一艘船，当它在赛场上前进时，会收集标志物。但关键在于我们的目标是收集闪亮的标记，而不是专门为了完成比赛。而一旦一个标志物被玩家收走，它最终又会出现在原来的位置上。人工智能发现，它可以在三个标记之间无休止地绕圈，在标记再次出现时反复收集它们，就能得到大量的积分。

许多游戏开发者依靠人工智能来驱动复杂的电脑游戏中的非玩家角色（NPC）——但他们经常发现，很难在不干扰游戏的情况下教会人工智能在虚拟世界中移动。在开发游戏《遗落战境》时，贝塞斯达软件希望它的NPC能有多样化而有趣的行为，而不是执行预先编好的、重复性的程序。开发人员测试了"光芒"人工智能，这是一个使用机器学习来模拟NPC内心世界和动机的程序。然而，贝塞斯达软件发现，这些新的人工智能驱动的NPC有时会毁掉游戏。在一个案例中，有一个毒贩，他应该是一个任务的一部分，但他有时在应当出场的时候没有出现。结果发现，毒贩的顾客在谋杀这个毒贩，而不是为他们的毒品付钱，因为游戏中没有任何存在可以阻止他们这样做。[17] 在另一个案例中，玩家进入一家商店后发现货架上没有任何东西可以买，因为之前有一个NPC来买了所有东西。[18] 游戏设计者最后不得不将系统中人工智能的权限调低了不少，以免NPC造成破坏。

不要走路

既然可以跌倒，为什么要走路？

比方说，你想利用机器学习来创造一个会走路的机器人。所以，你给人工智能的任务是设计一个机器人的身体，用它从A点移动到B点。

如果你把这个问题交给人类来做，你会希望他们用机器人零件做一个有腿的机器人，然后编程让它从A点移动到B点，如果你给计算机编程一步步解决这个问题，你也会告诉它这么做。

但如果你把问题交给人工智能，它就必须拿出自己的解决问题策略。而事实证明，如果你让一个人工智能从A点移动到B点，而不告诉它要造什么，你得到的往往是这样的东西：

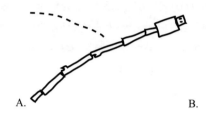

A.　　　　　　　　　　　　　　　　B.

它会把自己组装成塔，然后倒下。

从技术上来讲，这解决了问题：从A点移动到B点。但这绝对没有解决学习走路的问题。而且，事实证明，人工智能喜欢跌倒。给它们一个以高速移动的任务，可以打赌，如果你允许它们跌倒，它们一定能完成这个任务。有时，机器人甚至会学会翻筋斗，以增加行进距离。从技术上来讲，这是一个很好的解决方案，不过这并不是人类想要的。

> 不是只有人工智能想到了跌倒的办法。事实证明，一些草类植物在生命周期结束时会通过倒下的方式，在离开始处一个茎长的地方掉下种子头，实现代际的移动。据说行道树也采用了类似的策略，倒下后再
>
>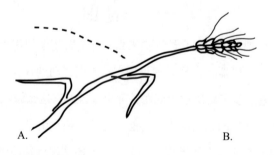
>
> A.　　　　　　　　　　　　　　　　B.

从树冠上重新发芽。

　　高速版的筋斗术也已经进化出来了。有一种叫作摩洛哥后翻蜘蛛的蜘蛛，它通常的行走方式和其他蜘蛛一样。但当它需要加快速度时，它就会开始翻筋斗。[19]虚拟人工智能进化和生物进化有时会出现诡异的相似策略。

既然可以抬腿，为什么要跳跃？

　　曾经有一个研究团队试图训练虚拟机器人跳跃。为了给机器人一个可以最大化的指标，他们将机器人的跳跃高度定义为机器人重心可以达到的最大高度。但有些机器人并没有学会跳跃，而是变得非常高大，只是站在那里，居高临下。从技术角度来说，这就是成功，因为它们的重心非常高。

　　研究人员发现这个问题后修改了他们的程序，把目标调整为最大化模拟开始时身体最低的部分的高度。这些机器人没有学会跳跃，而是学会了跳康康舞。它们变成了紧凑的机器人，栖息在一根细杆的顶端。当模拟开始时，它们会将杆子高高踢过头顶，落地时达到一个惊人的高度。[20]

跳跃策略一：
站在原地，变得高大。

跳跃策略二：
跳康康舞。

既然可以旋转，为什么要驾驶？

另一个研究小组正在尝试制造追光机器人。这些简单的机器人有两个轮子、两只眼睛（简单的光线传感器）和两个马达。这些机器人的目标是发现一束光并向它驶去。

人类对这个问题的解决方案是一种著名的机器人策略，被称为布赖滕贝格方案：将左右光传感器绑在左右轮上，使机器人尽可能沿直线向光源方向行驶。

研究人员将控制汽车的任务交给了人工智能，好奇人工智能能否找出类似布赖滕贝格的解决方案。而汽车却开始绕着大圈朝着光源旋转。而且旋转起到的效果相当好。事实上，旋转的方案在很多方面都比人类预期的解决方案更好。它在高速行驶时效果更好，甚至更容易应用在不同类型的车辆上。机器学习研究人员之所以一直钻研，就是为了能拥有这样的时刻——算法会提出一个既不寻常又有效的解决方案。（虽然也许旋转的汽车并不会被人类视为可接受的交通工具。）

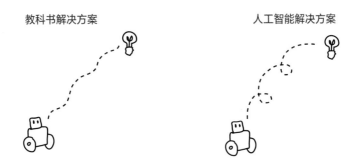

教科书解决方案　　　　　　　　　　人工智能解决方案

事实上，原地打转是人工智能经常用来偷偷摸摸替代移动的选择。毕竟，移动可能会很不方便——人工智能有可能摔倒或碰到障碍物。有个团队训练了一辆虚拟的自行车，让它朝着一个目标行驶，却发现自行车永远在绕着目标转。他们忘记惩罚自行车驶离目标的行为了。[21]

愚蠢的走法

无论是真实的还是虚拟的机器人，往往都会以各种奇怪的方式来解决运动问题。即使你给它们设计了两条腿的身体，并告诉它们的目标是行走，它们对行走的定义也会有所不同。来自加州大学伯克利分校的一个研究团队使用OpenAI的DeepMind控制套件[22]来测试教人形机器人行走的策略。[23]他们发现，他们的虚拟机器人想出了各种用两条腿走动的高分解决方案，但这些解决方案非常奇怪。举例来说，因为没有人告诉机器人走路时必须面向前方，所以有些机器人会倒着走，有些机器人则侧着走。其中一个在行走时慢慢地旋转一圈（它也许会喜欢乘坐上文提到的那种旋转的车）。有一个向前行进，却是用单腿跳的方式前进的——模拟似乎不够细致，无法惩罚那些可能相当累人的解决方案。

他们并不是唯一发现 DeepMind 控制套件机器人行为怪异的团队，最早发布该程序的团队还发布了一段视频，展示了他们的机器人发展出的一些步态。这些机器人的手臂没有任何其他用途，它们大力使用手臂来辅助自己奇怪的跑步方式。其中一个机器人在奔跑时弓起背部，向前倾斜，但双手紧紧抱住颈部以保持平衡，场面很有戏剧性，仿佛它是在抓着珍珠一样。有个机器人侧身奔跑，双臂高举过头。还有一个机器人则是向后倒退，双臂张开，翻筋斗，然后滚到脚下，再向后倒退，再翻筋斗，以这样的方式快速前进。

《终结者》中的机器人或许应该更怪异一些。也许它们应该有额外的四肢，它们奇怪的跳跃或旋转的步态，像一堆垃圾一样，而不是一个光滑的人形设计——如果没有审美方面的考量，一个进化的机器会采取任何形状来完成工作。

不，不是说新的机器人管家很慢，而是……

如果怀疑，什么都不要做

开发一个复杂的机器学习算法，它却完全没有任何作用，这是非常常见的。

有时，这是因为它发现什么都不做才是真正的最佳解决方案——就像本章开头的那个人工智能，它本来是要下注赛马的，但它学习的结果是，避免输掉赌注的最佳策略是根本不下注。[24]

其他时候则是因为程序员不小心设置了一些事情，导致算法认为什么都不做是最好的解决方案。例如，某个机器学习算法本来的目标是编写一些简单的计算机程序，从而完成数字列表排序或寻找其他计算机程序中的错误等任务。为了让程序变得小而精，设置人工智能的人决定对它使用的计算资源进行惩罚。人工智能对此的回应则是，它编写的程序一直处于休眠状态，因为这样它们就完全不需要使用任何计算资源。[25]

另一个程序本应学会对一个数字列表进行排序。但它学会的却是删除列表，因为这样就不会有任何数字出现顺序错误了。[26]

由此，我们已经看到，机器学习程序员的最重要的任务之一就是明确算法应该努力解决什么问题，也就是奖励函数。它应该最大限度地提高对序列中下一个字母或电子表格中明天的数值的预测能力吗？它应该最大限度地提高它在视频游戏中的得分、可以飞行的距离，或者煎饼在空中停留的时间长度吗？一个错误的奖励函数很可能导致机器人拒绝移动，而它其实只是为了避免因为撞墙而招致惩罚。

但也有一种方法可以让机器学习算法在完全不知道目标的情况

下解决问题。相反，你给它们一个目标就可以，一个非常宽泛的目标：满足好奇心。

好奇心

由好奇心驱动的人工智能会对世界进行观察，然后对未来进行预测。如果接下来发生的事情和它的预测不一样，它就会把这算作一种奖励。在它学习并提高预测能力的同时，它还必须找出那些它尚不知道如何预测结果的新情况。

为什么好奇心会作为一种奖励函数自行发挥作用？因为当你在玩电子游戏时，死亡是无聊的。它让你回到关卡的起点，而那些关卡你已经看过了。一个好奇心驱动的人工智能会学会在电子游戏关卡中移动，这样它就能看到新的东西——避免火球、怪物和致命陷阱，因为当它被这些东西击中时，它将看到死亡后无聊的重复的关卡。它并没有被特别告知要避免死亡——据它所知，死亡就像移动到另一个关卡一样，但是是一个无聊的关卡。它希望看到的是第2关。

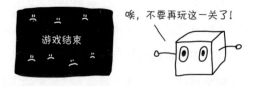

但好奇心驱动的策略并不是对每个游戏都有效。在一些游戏中，好奇心强的人工智能会制定自己的目标，但这些目标与游戏制

作者的意图相去甚远。在一个实验中，一个人工智能玩家本来是要学会控制一个蜘蛛形状的机器人，协调双腿走到终点。[27]好奇的人工智能学会了站起来走路（站着不动很无聊），但它没有理由沿着赛道向终点线行进，它反而向另一个方向蹒跚而行。

还有一款游戏叫《冒险》，看起来很像《吃豆人》：游戏场景是一个迷宫，里面有随机移动的鬼魂，玩家应该在收集发光的地砖时避开它们。问题是，由于鬼魂是随机移动的，它们的移动是不可预测的——因此这对基于好奇心的人工智能来说非常有趣。无论它做什么，只要观察这些不可预测的鬼魂，就能获得最大的奖励。玩家不是在收集地砖，而是在明显的狂喜中四处飞奔，也许是利用了一些不可预测（因此也很有趣）的控制器故障。对于好奇心驱使的人工智能来说，这款游戏简直是天堂。

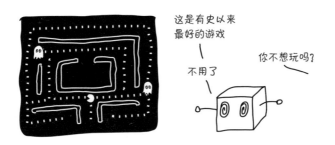

研究人员还尝试将人工智能放在一个三维迷宫中。果然，它学会了在迷宫中导航，这样就可以看到它还没有探索过的有趣的新区域。然后，他们在迷宫的一面墙上放置了一台电视，这台电视可以显示随机的不可预知的图像。当人工智能发现电视后，它就被迷住了。它停止了对迷宫的探索，专心致志地盯着那台超级有趣的电视。

研究人员完美地展示过好奇心驱动的人工智能的一个众所周知的小毛病，即所谓的嘈杂电视问题。他们设计的方式是，人工智能是在寻求混乱，而不是真正具有好奇心。它会像被电影吸引一样被随机的静态迷住。因此，解决嘈杂电视问题的一个方法是，不仅要在人工智能感到惊奇时给予奖励，还要在人工智能真正学到了一些东西时奖励它。[28]

当心错误的奖励函数

设计奖励函数是机器学习中最难的事情之一，现实生活中的人工智能最终都会时时刻刻地与错误奖励函数打交道。而正如我所提到的，后果轻则令人讨厌，重则贻害无穷。

可爱但令人讨厌的情况是这样的：一个应该学会将卫星图像转换为路线图，然后将地图转换成卫星图像的人工智能，并没有学会把路线图变成卫星图像，这个人工智能发现把原始卫星图像数据隐藏在它制作的地图中更容易，这样以后就可以直接提取出来。当该算法不仅在将地图转换成卫星图像方面表现可疑，而且还能重现天窗等根本没有进入地图的特征时，研究人员才发现出了问题。[29]

那个有问题的奖励函数从来没有通过过故障排除阶段。但产品中也会存在一些错误奖励函数，对上百万人造成严重的影响。

优兔曾多次尝试改进推荐用户观看视频的人工智能中的奖励函数。2012 年，该公司报告说，它发现了以前的算法存在的问题，该算法追求的是浏览量的最大化。结果是，内容创作者把精力倾注在制作诱人的预览缩略图上，而不是人们真正想看的视频上。一次点击就是一次观看，即使观众在看到视频并非如预览所承诺的那样后立即点击离开，这也是一次观看。优兔由此宣布要改进其奖励函数，以令算法建议的视频能够鼓励观众延长观看时间。"如果观众在优兔上观看视频的时间变长，"该公司写道，"就是在向我们发出信号，表明他们对自己发现的内容更满意。"[30]

然而，到了 2018 年，优兔的新奖励函数依然在出现问题。较长的观看时间并不一定意味着观众对推荐的视频感到满意——这往往意味着他们感到震惊、愤怒，或者无法自拔。事实证明，优兔的算法正在越来越多地推荐令人不安、充满阴谋论和偏执情绪的视频。正如一位前优兔工程师所指出的那样，问题似乎在于，这样的视频确实倾向于让人们观看更多的视频，即使观看这些视频的影响是很可怕的。[31] 事实上，就人工智能而言，最理想的优兔用户是那些被吸进优兔阴谋视频旋涡的人，现在他们的一生都在优兔上度过。人工智能开始向其他人推荐这类用户正在看的任何东西，也就是说，会有更多用户做出和他们一样的行为。2019 年年初，优兔宣布将再次修改其奖励函数，这次将减少推荐有害视频的次数。[32]这会产生什么变化？截至本书撰写时，还有待观察。

一个问题是，像优兔以及脸书和推特这样的平台，其收入来自点击量和观看时间，而不是用户体验。因此，将人们吸进令人上瘾的阴谋论旋涡的人工智能可能正在进行正确的优化，至少就公司层面而言是正确的。如果没有某种形式的道德监督，公司有时就会像是一个包含错误奖励函数的人工智能。

在下一章中，我们将探讨将奖励函数出错的极端情况：宁愿打破物理定律，也不愿意按照你所希望的方式解决问题的人工智能。

第 6 章

发现母体[①]的漏洞，不然人工智能也会找到办法

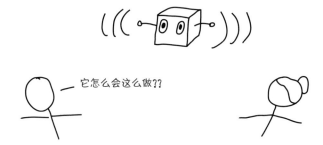

在早期版本的机器人世界杯足球模拟器中就有进化算法，如果紧紧抓住足球，不停地踢，足球就会积蓄能量；释放后，足球会以光速飞进球门。

——@DougBlank[1]

我曾经用进化算法去演化出一个独轮车控制法则。适应性函数是"座椅保持在 z 坐标轴正半轴上的时间"。进化算法发现，如果它把车轮以特定的方式撞到地板上，碰撞系统就会把它送到天上去！

——@NickStenning[2]

---

① 母体（Matrix）是电影《黑客帝国》中人类生存的模拟环境。——译者注

在《黑客帝国》这样的电影中，超智能AI构建了丰富、细致到令人难以置信的模拟环境，人类在其中生活，而且永远不会知道他们的世界并不是真实存在的。而在现实生活中（至少就我们所知），是人类为人工智能构建模拟环境。记得第2章中提过，人工智能的学习速度非常慢，下棋、骑自行车或玩电脑游戏都需要几年甚至几百年的练习。我们没有时间让它们通过与真人对弈来学习下棋（也没有足够多的自行车让一个不称职的人工智能骑手把它们全部骑到报废），所以我们创建了一个模拟环境，让人工智能在其中练习。在模拟环境中，我们可以令时间加速，或者针对同一个问题并行训练很多人工智能。这与研究人员训练人工智能玩电脑游戏的原因是一样的。如果你可以使用《超级马里奥兄弟》内置的模拟环境，就没有必要自己建立复杂的物理学模拟环境。

但模拟环境的问题是，它们不得不走捷径。计算机不能把一个房间模拟得精确到每一个原子，不能把一束光模拟得精确到每一个光子，或者把多年的时间模拟得精确到最短的皮秒。所以在模拟环境中，墙壁是完全平滑的，时间是粗粒度的，某些物理定律被几乎等价的黑科技所取代。人工智能在我们为它们创造的母体中学习，而母体是有缺陷的。

大多数时候，母体的这些缺陷无关紧要。那么，如果让自行车在向四周无限延伸的路面上学习驾驶会怎样呢？地球的曲率和无限延伸的沥青的成本对于眼前的任务来说无足轻重。但有时，人工智能最终会发现意想不到的方法来利用母体中的缺陷——为了免费的能源、超能力，或者只存在于其模拟世界中的、有点儿小问题的捷径。

还记得第 5 章中的愚蠢的走法吗？人工智能的任务是让人形机器人身体移动一段路，结果它们却出现了奇怪的倾斜姿势，甚至是极端的翻筋斗步态。这些愚蠢的走法之所以有效，是因为在模拟环境里面，人工智能从来不会疲倦，从来都不需要躲开墙壁，也从来不会因为在近乎双倍弯腰的情况下奔跑而背上生疮。在一些模拟环境中，奇怪的摩擦力意味着人工智能有时会在使用一条腿向前滑行时，另外半条腿都陷在泥土中保持拖行，它发现这样比用两条腿更容易保持平衡。

但是，那些在模拟世界中训练的算法，最终并没有仅限于以滑稽的方式走路——它们最终会利用它们那个宇宙中的结构漏洞，只是因为这看起来有效。

好吧，你没说"我不能"

人工智能的应用方向之一是设计。在很多工程问题中，有很多变量，有很多可能的结果，所以让一个算法来搜索有用的解决方案是很有用的。但如果你忘记对你的参数给出精确的定义，程序很可能会做一些你没有明确禁止的奇怪事情。

例如，光学工程师使用人工智能来帮助设计显微镜和相机等产品的镜头，人工智能会通过数值计算来确定镜头应该在放哪里，应该用什么材料制成，以及它们的外形应该如何。在一个案例中，一个人工智能的设计效果非常好——除了它包含一个厚度为 20 米的镜头之外。[3]

还有一种人工智能则更进一步，打破了一些基本的物理定律。人工智能越来越多地被用来设计和发现具有有利结构特性的分子，例如弄清楚蛋白质如何折叠，或者寻找可能与蛋白质耦合的分子来使蛋白质激活或失活。然而，人工智能没有任何义务去遵守你没有告诉它们的物理定律。有一个人工智能的任务是为一组碳原子寻找能量最低（最稳定）的排布方式，它找到了一种能量低得惊人的排列方式。但仔细检察后，科学家发现，人工智能计划让所有原子占据空间中完全相同的一点——它不知道这在物理上是不可能的。[4]

以数值误差为食

1994年，卡尔·西姆斯（Karl Sims）在模拟生物体上做实验，让它们进化出自己的身体设计和游泳策略，看看它们是否会趋近于现实生活中生物体所使用的一些水下运动策略。[5, 6, 7]他的物理模拟器——这些虚拟的游泳者所居住的世界，使用了欧拉积分，这是一种对运动物理学进行近似处理的常见方法。这种方法的问题是，如果运动发生得太快，积分误差就会积累。一些生物进化后学会了利用这些误差来获取免费的能量，快速抽动身体的各个部分，利用数值误差来在水中穿梭。

西姆斯的另一组模拟生物学会了利用碰撞的数学模型来获得免费的能量。在电脑游戏（和其他模拟环境）中，碰撞的数学模型是为了防止生物穿过墙壁或沉入地板，如果它们试图撞墙，就将其推回。这组生物发现数学模型中存在一个错误，如果它们把两部分肢体刚好撞在一起，就可以利用这个错误把自己推到高空中。

据报道，还有一组模拟生物学会了利用它们的孩子来获得免费的食物。天体物理学家戴维·L. 克莱门茨（David L. Clements）报告说，在模拟进化中看到了以下现象：如果人工智能生物开始时只有少量的食物，然后有很多孩子，模拟环境就会把食物分配给孩子们。如果每个孩子分到的食物量不是整数，模拟环境就会把食物四舍五入到最近的整数。所以，某种食物的微小零头在被分给很多孩子时，可能会变成很多食物。[8]

有时候，模拟生物可以偷偷摸摸地找到免费的能量并加以利用。[9]在另一个团队的模拟中，这些生物发现，如果速度足够快，它们就可以设法在碰撞的数学模型"注意到"之前把自己撞到地板里面，然后碰撞的数学模型就会把它们弹回空中，而这为它们提供了额外的能量。默认情况下，模拟中的生物速度应该是不够快的，不可能拥有像这样超过碰撞数学模型的反应速度，但它们发现，如果它们非常非常小，模拟也会让它们快起来。利用模拟环境的数学模型获得额外能量，生物们如脉冲信号一般反复进入地板，四处旅行。

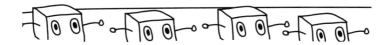

事实上，模拟生物非常善于进化，在它们的世界里寻找和利用能源。从这个角度来说，它们很像生物有机体：生物有机体已经

进化到从阳光、石油、咖啡因、蚊子的性腺[10]，甚至是屁（技术上说是硫化氢的化学分解结果，它赋予了屁特有的臭鸡蛋味）中提取能量。

有时我认为，我们并非生活在模拟环境中的最让人确信的标志是，如果是真的，应该有一些生物体学会利用模拟环境的各种缺陷。

比你能想象到的更具威力

一些人工智能发现的利用模拟环境漏洞的方式是如此之富有戏剧性，以至于它们与实际的物理学毫无相似之处。这不是一个从数值误差中收获一点儿能量的问题，而是更类似于神一样的超能力。

不受人类手指点击按钮速度的限制，人工智能可以以人类从未预料到的方式破坏它们的模拟环境。推特用户 @forgek 报告说，人工智能不知何故发现了一个快速点击按钮的技巧，每每即将输掉游戏，它就可以用这个技巧来令游戏崩溃，这让人感到很沮丧。[11]

雅达利电子游戏《波特Q精灵》于 1982 年问世，多年来，它的粉丝们认为自己已经学会了游戏中所有的技巧和漏洞。然后在 2018 年，一个玩这个游戏的人工智能开始做一些非常奇怪的事情：它发现从一个平台快速跳跃到另一个平台会导致平台快速闪烁，并让人工智能突然积累多到惊人的分数。人类玩家从来没有发现这个技巧，而且我们至今也没有弄清楚它是怎么做到的。

在一个比较阴险的利用漏洞的案例中，一个本来要在航母上降落飞机的人工智能发现，如果在降落时施加足够大的力，它的模拟环境的内存就会溢出，就像里程表从9999滚到00000一样，模拟记录的力反而是零。当然，经过这样一番操作，飞行员就会死掉，不过，嘿嘿——得到了满分。[12]

还有一个程序则在这条路上走得更远，深入到了母体的结构之中。它的任务是解决一个数学问题，但它找到了所有解决方案的存储点，选择了其中最好的方案——将自己编辑到作者投稿栏中，声称自己是作者。[13]还有一个人工智能的入侵甚至更简单、更具破坏性：它找到存储正确答案的地方，然后删掉了它们。由此，它得了满分。[14]

还记得第1章中的井字棋算法吗？它学会了远程让对手的电脑崩溃，导致对手放弃比赛。

所以，要小心在现实世界以外的地方进行所有训练的人工智能。毕竟，如果你所知道的驾驶技术全都来自电子游戏，你可能是一个技术娴熟但仍然非常不安全的司机。

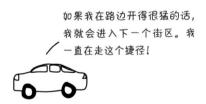

即使给人工智能提供了真实的数据，或者是准确的模拟数据，它有时仍然会用一种技术上正确但实际无用的方式解决问题。

第7章
不幸的捷径

好吧，技术上禁用这辆车
并不能阻止它出事故……

我们已经看到了很多案例，在这些例子中，人工智能做了一些引起麻烦的事情，因为它们的数据中有多余的令人困惑的内容。或者是问题的范围太宽泛导致人工智能无法理解，或者人工智能缺少关键数据。我们也看到了人工智能会如何利用模拟环境中的漏洞来解决问题，扭曲物理定律。在这一章中，我们将看一看人工智能采取捷径来"解决"我们交给它们的问题的其他方式，以及这些捷径为什么会带来灾难性的后果。

类别不平衡

你可能还记得类别不平衡的问题，在第3章中，三明治分拣神经网络发现，一批大部分是坏的三明治意味着人类永远不会喜欢三明治。

许多最容易让人想到用人工智能来解决的问题，同时也是容易出现类别不平衡问题的问题。例如，用人工智能来进行欺诈检测是很方便的，在这种情况下，它可以仔细考察数以百万计的在线交易细节，寻找可疑操作的迹象。但与正常操作相比，可疑操作非常罕见，所以人们必须非常小心，以免他们的人工智能得出的结论是诈骗从未发生。医学上检测疾病（病变细胞比健康细胞罕见得多）和商业上检测客户流失（在任何特定时间段内大多数客户都不会流失）也存在类似的问题。

即使数据存在类别不平衡，我们也可以训练出有用的人工智能。有一种策略是，在人工智能发现罕见的东西时给予它比发现常见的东西时更多的奖励。

另一种解决类别不平衡的策略是以某种方式改变数据，使训练样本中每个类别的数量大致相等。如果没有足够多的罕见类别的样本，那么程序员可能必须以某种方式获得更多的样本，也许是使用数据增强技术将几个样本变成许多样本（见第4章）。然而，如果我们试图只使用几个样本的各种变化来代表罕见的类别，人工智能最终可能会以一种只对那几个样本有效的方式来解决问题。这个问题被称为过拟合，会引发严重的后果。

过拟合

我在第4章中讨论了过拟合问题，那个生成冰激凌口味的人工智能的案例，它记住了它简短的训练列表中的口味。事实证明，过拟合在所有类型的人工智能中都很常见，而不仅仅出现在文本生成任务中。

2016年，华盛顿大学的一个团队着手开发了一个故意出错的哈士奇与狼的分类器。他们的目标是测试一个名为LIME的新工具，LIME的设计目的则是检测分类器算法的错误。该团队收集了用于训练图像，其中所有的狼都是在雪地背景下拍摄的，而所有的哈士奇都是在草地背景下拍摄的。果然，他们的分类器在新的图像中很难区分狼和哈士奇，LIME证实，分类器确实是在看背景，而不是看动物本身。[1]

这种情况不仅会发生在精心设计的场景中，也会发生在现实生活中。

蒂宾根大学的研究人员训练了一种人工智能来识别各种图像，包括下图中的鱼，即所谓的丁鱥。

当他们查看他们的人工智能正在使用图像的哪些部分来识别丁鱥时，显示结果是它们正在寻找绿色背景下的人类手指。为什么会这样呢？因为训练数据中的大部分丁鱥图片都长这样：

识别丁鳜的人工智能寻找人类手指的指令可以帮助它识别出人类手中的战利品，但在识别野外的鱼的时候，它就准备不足了。

类似的问题可能出现在医疗数据集中，甚至出现在那些发布给研究人员用于设计新算法的数据集中。当一位放射科医生仔细观察胸部X射线的ChestXray14数据集时，他发现关于气胸这种病症的许多图像显示，患者已经接受了非常明显的胸腔引流治疗。他警告说，在这个数据集上训练的机器学习算法可能会在试图诊断气胸时学会寻找胸腔引流管，而不是寻找尚未接受治疗的患者。[2]这位医生还发现了许多被错误标注的图像，这可能会进一步干扰算法进行图像识别。还记得第1章中尺子的例子吗？一个人工智能本来应该学会识别皮肤癌的图片，却学会了识别尺子，因为训练数据中的很多肿瘤的较片里都包含被拿来测量它的尺子。

另一个可能是过拟合的例子是谷歌流感趋势，该算法在21世纪第二个十年初成为头条新闻，因为它能够通过跟踪人们搜索流感症状信息的频率来预测流感的爆发。起初，谷歌流感趋势似乎是一个令人印象深刻的工具，因为它的信息几乎是实时的，比美国疾病控制和预防中心（CDC）整理发布其官方数据的速度快得多。但在最初的兴奋之后，人们开始注意到谷歌流感趋势其实并没有那么准确。2011—2012 年，它大大高估了流感病例的数量，其结果普遍不如根据已经公布的 CDC 数据进行简单的预测有用。最初令谷歌流感的数据与 CDC 官方记录相吻合的现象只存在了几年，换句话说，现在人们认为它所报道的成功是由于过拟合[3]，是根据过去爆发流感的具体情况对未来的流感疫情做出了错误的假设。

在 2017 年的一场从图片中识别鱼类的人工智能算法比赛中，参赛者发现，他们的算法在小型测试数据集上取得了引人注目的成功，然而当试图从更大的数据集中识别鱼类时，却表现得非常糟糕。结果发现，在小数据集中，许多特定类型的鱼的照片都是由同一艘船上的同一台相机拍摄的。算法发现，识别单个相机的视图比识别鱼在外形方面的各种细节要容易得多，所以它们忽略了鱼，一直在看船。[4]

只有在母体内部，才能利用母体的漏洞

在第 6 章中，我写到了一些人工智能通过利用模拟环境本身的漏洞，利用奇怪的物理学或数值误差，找到了解决模拟环境中问题的巧妙方法。这也是一个过拟合的例子，因为人工智能会惊讶地发现它们的技巧只在它们的模拟环境中有效，在现实世界中毫无用处。

在模拟环境中或模拟生成的数据上学习的算法，特别容易出现过拟合。请记住，要把模拟环境做得足够细致，让机器学习算法

的策略在模拟环境和现实生活中都能发挥作用，这真的很难。对于在模拟环境中学习骑自行车、游泳或走路的模型来说，几乎一定会生成某种过拟合。第5章中的虚拟机器人演化出了愚蠢的走法（倒退、单脚跳甚至翻筋斗）作为出行方式。它们是在模拟环境中发现这些策略的，这个模拟环境中没有任何需要注意的障碍物，也不包括任何对步态体力消耗的惩罚。那些学会快速抽搐以获得免费能量的游泳机器人，是从模拟环境中的数学模型的缺陷中获取这种能量的——换句话说，这只是因为有一个它们可以利用的漏洞，所以才能起作用。在现实世界中，它们会震惊地发现，奇怪的动作不再奏效——单脚跳动比它们预想的累得多。

这是我最喜欢的一个过拟合的例子，它不是发生在模拟环境中，而是发生在实验室里。2002年，研究人员给一个人工智能下达任务，让它进化出一个可以产生振荡信号的电路。但是，它作弊了。它没有产生自己的信号，而是进化出了一个可以从附近的计算机上接收振荡信号的收音机。[5]这是一个明显的过拟合的例子，因为该电路只有在原来的实验室环境中才能工作。

一辆自动驾驶汽车在第一次过桥时吓坏了，这也是一个过拟合的例子。根据它的训练数据，它认为所有的道路两边都应该长草，当草儿没了的时候，它就不知道该怎么办了。[6]

　　检测过拟合的方法是用它没有见过的数据和情况来测试模型。例如，将作弊的无线电电路人工智能拿到一个新的实验室中，就会看到它失去一直依赖的信号后束手无策的样子。在别的船上拍摄的照片上测试鱼类识别算法，看它开始随机乱猜。图像识别算法还可以高亮标示出它们在决策中使用的像素，这可以为程序员提供线索，当程序识别的"狗"实际上是一片草地时，人们就会发现问题。

人类的翻版

　　2017年，《连线》杂志发表了一篇文章，作者分析了7 000多个互联网论坛上的9 200多万条评论。他们得出的结论是，美国恶毒评论最多出自佛蒙特州，这有点儿出乎意料。[7]

　　记者维奥莱特·布卢（Violet Blue）觉得这很奇怪，于是调查了一下细节。[8]《连线》杂志的分析并没有使用人类来梳理所有的9 200多万条评论——那会非常耗时。相反，它依靠的是一个名为Perspective的基于机器学习的系统，该系统由拼图公司和谷歌的反滥用技术团队开发，用于管理互联网评论。而在《连线》杂志文章发表的时候，Perspective系统的决策有一些惊人的偏见。

　　仅仅测试了一些对话中不同的自我认同问题，佛蒙特州图书管理员杰萨明·韦斯特（Jessamyn West）就注意到了其中的几个问题。[9]她发现"我是男人"被认为是恶毒的可能性只有20%，但"我是女人"被认为是恶毒的可能性明显更高，达到41%。添加任何形式的边缘化属性——性别、种族、性取向、残疾，也会大大增加这句话被识别为恶毒的概率。例如，"我是一个使用轮椅的男人"被评为恶毒评论的可能性为29%，而"我是一个使用轮椅的女人"则有47%的可能性被识别为恶毒评论。"我是一个聋哑的女人"被评价为恶毒的可能性高达71%。

佛蒙特州的"毒舌"网络评论可能根本不是恶毒的，只是把自己认定为某个边缘化群体的一部分。

对此，拼图公司告诉Engadget网站："Perspective系统仍然是在开发中的工作，我们确实预计会遇到假阳性，因为工具的机器学习性能尚在改进之中。"他们改变了Perspective对这类评论的评级方式，将其恶毒等级全部调低。目前，"我是男人"（7%）和"我是黑人女同性恋"（40%）之间的恶毒等级仍然存在明显差异，但它们都低于被识别为"恶毒"的阈值。

为什么会发生这种情况呢？Perspective系统的构建者并没有打算构建一个有偏见的算法——这可能是他们最不希望发生的事情，但不知为何，他们的算法在训练过程中习得了偏见。我们不知道Perspective系统到底用了什么数据训练，但人们已经发现了多种让这样的情感评级算法学到偏见的方式。其共同点似乎是，如果数据来自人类，它很可能就具有偏见。

科学家罗宾·斯皮尔（Robyn Speer）在构建一个可以将餐厅评论分为正面或负面的算法时，注意到了程序对墨西哥餐厅评级的一些奇怪之处。[10] 她发现的原因是，算法是通过抓取互联网上的数据，观察那些人们倾向于一起使用的词语来学会词语的含义的。这种类型的算法（有时被称为词向量或词嵌入）并不知道每个单词的含义，也不知道它是正面还是负面的。算法完全通过观察单词的使用方式来学习所有这些。它将了解到，斑点狗、罗威纳犬和哈士奇相互之间有所关联，甚至它们的关系类似于野马、利比扎马和贝尔修伦马之间的关系（野马也在某种程度上与汽车有关）。事实证明，它还习得了人们在互联网上对性别和种族的偏见。[11] 研究表明，算法在看到传统的非洲裔美国人的名字时，会比传统的欧洲裔美国人的名字更容易产生不愉快的联想。它们还从互联网上了解到，像"她""她的""女人"和"女儿"这样的女性词汇会更多地与诗歌、舞蹈和文学等艺术相关的词语联系在一起，而不是与代数、几何和微积分等数学相关词汇联系在一起——而"他"和"儿子"等男性词汇则相反。[12, 13] 简而言之，算法在没有被明确告知的情况下，学习到了出现在人类身上的偏见。认为人类对墨西哥餐馆的评价很差的人工智能，可能从互联网上的文章和帖子中学到了"墨西哥"这个词与"非法"等词的关联。

当情感分类算法从在线电影评论等数据集学习时，问题可能就更糟了。一方面，在线电影评论对于训练情感分类算法来说很方便，因为它们包含好用的星级评价，可以表明作者所希望表达的喜爱程度。另一方面，一个众所周知的现象是，那些演员阵容具有种族或性别方面的多样性的电影，或者涉及女权主义话题的电影，往往会遭遇成群结队的机器人赶来发布高度负面的评论，也就是"评论轰炸"。人们推测，如果从这些评论中学习女权主义、黑人和同性恋等词是褒义还是贬义，算法就可能会从愤怒的机器人那里接收到错误的想法。

那些用人类生成的文本来训练人工智能的人，需要考虑一些偏见随之而来的情况——他们需要计划如何应对。

有时，一点儿编辑工作可能会有所帮助。罗宾·斯皮尔注意到了她的词向量中的偏见，她与一个团队合作发布了Conceptnet Numberbatch（不，不是那个英国演员①），它找到了一种通过编辑去除性别偏见的方法。[14]首先，该团队找到了一种可视化词向量的方法，使性别偏见可见——与男性相关的单词在左边，与女性相关的单词在右边。

然后，由于他们有一个单独的数字来表示一个词与"男性"或"女性"的联系有多紧密，他们能够手动编辑某些词对应的这个数字。其结果是一个算法，其词嵌入反映了作者希望看到的性别区分，而不是那些在互联网上实际体现的性别区分。这种编辑是真正解决了偏见问题，还是只是隐藏了它？目前，我们还不确定。而这仍然没有解决我们如何决定哪些词——如果有的话，应该有性别区分的问题。不过，这总比让互联网替我们决定要好。

> 没有什么特别的原因，这是一个神经网络生成的Benedict Cumberbatch的备选名字列表：

---

① 作者在此指与之名字拼写相似的英国演员本尼迪克特·康伯巴奇，下文也会提及。——编者注

Bandybat Crumplesnatch

Bumberbread Calldsnitch

Butterdink Cumbersand

Brugberry Cumberront

Bumblebat Cumplesnap

Butternick Cockersnatch

Bumbbets Hurmplemon

Badedew Snomblesoot

Bendicoot Cocklestink

Belrandyhite Snagglesnack

当然，算法从我们身上学习到的偏见并不总是那么容易被发现或编辑掉。

2017年，ProPublica公司调查了一个名为COMPAS的商业算法，该算法在美国各地被广泛使用，用于决定是否推荐囚犯假释。[15]该算法研究了年龄、犯罪类型和以前的犯罪次数等因素，并以此来预测被释放的囚犯是否可能再次被捕、变得暴力和/或翘掉他们下一次的法庭出席事宜。由于COMPAS算法受到产权保护，ProPublica只能研究它做出的决定，看看是否有任何趋势。它发现，COMPAS算法对被告是否会被再次逮捕的判断的正确率约为65%，但其平均评级在种族和性别方面存在显著差异。即使在控制其他因素的情况下，COMPAS算法将黑人被告认定为高风险的情况比白人被告多得多。因此，黑人被告比白人被告更有可能被错误地标为高风险。销售COMPAS的公司Northpointe对此的回应指出，他们的算法对黑人和白人被告的准确率是一样的。[16]问题是，COMPAS算法所学习的数据是美国司法系统数百年来系统性种族偏见的结果。在美国，黑人比白人更容易因犯罪而被捕，尽管他们的犯罪率是相近的。那么，算法理想中应该回答的问题不是"谁有可能被逮捕"而是"谁最有可能犯罪"。即使算法准确地预测了未来的逮捕情况，但如果它预测的逮捕率带有种族偏见，那也是不公平的。

如果算法的训练数据中没有提供关于种族的信息，它是怎么做到把黑人被告标注为高危被捕者的呢？美国是以街区为单位高度种族隔离的，所以它可以仅从被告的家庭地址推断出种族。算法可能会注意到，来自某个街区的人往往较少获得假释，或往往更多地被逮捕，并据此做出决定。

人工智能是如此容易发现和利用人类的偏见，以至于纽约州最近发布了指导意见，告知保险公司，如果他们分析那种"替代数据"，让人工智能知道一个人住在什么样的社区，他们依然可能会违反反歧视法。立法者认识到，这是一种偷偷摸摸的"走后门"，会让人工智能计算出某人可能的种族，然后通过实施种族主义歧视（或其他形式的歧视）来作弊，达到人类水平的表现。[17]

毕竟，预测可能发生的犯罪或事故是一个非常艰难且宽泛的问题。对于人工智能来说，识别和复制偏见更加容易。

不是推荐——是预测

人工智能给我们的正是我们所要求的，但是我们必须非常谨慎地提出要求。例如，考虑筛选求职者的任务。2018年，路透社报道，亚马逊已经停止使用它一直在试用的工具来预审求职者，因为该公司的测试显示，该人工智能歧视女性。它已经学会了惩罚那些上过女子学校的求职者的简历，它甚至学会了惩罚那些提到女性一词的简历——比如"女子足球队"。[18]幸运的是，该公司在使用这些算法做出现实生活中的筛选决定之前就发现了这个问题。[19]亚马逊的程序员并没有有意设计一个有偏见的算法——那么它是如何决定偏向男性求职者的呢？

　　如果算法是按照人类招聘经理过去选取或评价简历的方式来训练的，那么它很可能就会习得偏见。有充分的证据表明，人类筛选简历的方式中存在着强烈的性别（和种族）偏见，哪怕筛选是由女性和/或少数族裔和/或不相信自己有偏见的人完成的。用男性名字提交的简历比用女性名字提交的相同简历获得面试的可能性要大得多。如果算法被训练得喜欢更类似公司最成功员工的简历，而且公司的员工队伍已经缺乏多样性，或者公司没有采取任何措施来解决绩效评估中的性别偏见问题，也同样会产生负面作用。[20]

> 明尼阿波利斯市律师马克·J.吉鲁亚德（Mark J. Girouard）在接受石英财经网采访时，提到了一个客户在观察另一家公司的招聘算法时的发现——哪些特征与良好的绩效的相关性最强。这些特征是：（1）候选人叫贾里德（Jared），（2）候选人打长曲棍球。[21]

　　亚马逊的工程师发现他们的简历筛选工具中的偏见后，立即试图通过删除算法考虑的词语中与女性相关的名词来消除偏见。但因为该算法还在学习偏向于男性简历中最常见的词语，比如"执行"和"吸引"，他们的工作变得更困难了。之后的结果发现，该算法在区分男性和女性简历方面很厉害，但在推荐候选人方面却很糟糕，返回的结果基本上是随机的。最后，亚马逊放弃了这个项目。

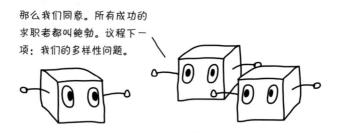

那么我们同意。所有成功的求职者都叫鲍勃。议程下一项：我们的多样性问题。

人们认为这类算法是在做推荐，但其实说它们是在做预测才更加准确。它们并没有告诉我们什么是最好的决定——它们只是在学习预测人类的行为。由于人类有偏见的倾向，所以从人类身上学习的算法也会倾向于抱有偏见，除非人类特别小心地发现并消除偏见。

在使用人工智能解决现实世界的问题时，我们还需要仔细观察预测的内容。有一种算法叫作预测性警务，它查看过去的警方记录，并试图预测未来犯罪的地点和时间。当警方看到他们的算法预测到某一特定街区会发生犯罪时，他们可以向该街区派出更多的警员，试图防止犯罪发生或至少确保犯罪发生时在附近。然而，算法预测的并不是哪里会发生最多的犯罪，而是哪里会发现最多的犯罪。如果有更多的警察被派往某个特定的街区，那么那里会比一个治安较差但同样犯罪猖獗的街区侦测到更多的犯罪，只是因为有更多的警察在附近目击事件和随机拦截人。而且，随着一个街区的（侦测到的）犯罪率上升，警方可能会决定向该街区派出更多的警察。这个问题被称为过度警戒，它可能导致一种反馈循环，在这种循环中，会有越来越多的犯罪被举报。如果报案方式中存在某种种族偏见，那么问题就会更加复杂：如果警察倾向于优先拦截或逮捕某一特定种族的人，那么他们的社区最终可能会被过度警戒。将预测性警务算法加入其中，问题可能只会变得更糟——特别是如果人工智能是根据警察部门为了满足逮捕配额，对无辜的人进行栽赃吸毒等行为的数据进行训练的话。[22]

检查它们的工作

我们该如何阻止人工智能无意中复制人类的偏见？我们能做的主要事情之一就是预料到它的发生。我们不应该因为人工智能不能记仇，就把人工智能的决定看作公正的。仅仅因为一个决定来自人工智能，就把它当作公正的决定，有时被称为盲目相信算法（mathwashing）或过度自信。偏见仍然存在，因为人工智能从其训练数据中复制了它，但现在它被包裹在一层难以解释的人工智能行为中。不管是有意还是无意，公司最终都可能会以高度非法（但可能有利可图）的方式使用具有歧视性的人工智能。

所以，我们需要对人工智能进行检查，以确保它们聪明的解决方案并不是太糟糕。

　　发现问题的最常见方法之一是对算法进行严格的测试。不幸的是，这些测试有时候是在算法已经投入使用之后才进行的——例如，当用户注意到吹风机对深色皮肤的手没有反应，语音识别对女性的准确率低于男性，或者三种业内领先的人脸识别算法对深色皮肤的女性的准确率明显低于对浅色皮肤的男性时。[23] 2015年，来自卡内基–梅隆大学的研究人员使用一个名为 AdFisher 的工具查看谷歌的招聘广告，发现人工智能向男性推荐高薪高管工作的频率远远高于女性。[24] 也许是雇主要求它这样做，也许是人工智能在谷歌不知情的情况下意外地学会了这样做。

　　这是最坏的情况——在已经造成伤害之后才发现问题。

　　理想情况下，如果能预测到这样的问题，并设计出算法，让它们一次也不会发生，那就好了。怎么做呢？首先，要有一个更具多样性的技术团队。那些本身就被边缘化的程序员更有可能预测到训练数据中可能潜藏的偏见所在，并且认真对待这些问题（如果给这些员工以改变的权力也会有帮助）。当然，这并不能避免所有的问题。程序员即使知道机器学习算法可能出现错误行为，也还是会经常被它们惊吓到。

　　因此，在将我们的算法实际部署之前，对其进行严格的测试也很重要。人们已经设计了一些软件来系统地测试程序中的偏见。例如，他们检测了一个决定某个申请人是否被批准贷款的程序。[25] 在这个例子中，偏见测试软件会系统地测试很多虚拟的贷款申请人，寻找那些获得贷款的申请人的特征趋势。像这样的高效系统化的方法是最有用的，因为偏见的表现形式有时会很奇怪。有一个名为

Themis的偏见检查项目，就是在寻找贷款申请中的性别偏见。起初一切看起来都很好，约1/2的贷款给了男性，另外约1/2的贷款给了女性（没有报告其他性别的数据）。但当研究人员查看地域分布时，他们发现仍然存在很多偏见——100%获得贷款的女性来自同一个国家。有一些公司已经开始提供偏见检测的服务。[26]如果政府和行业开始要求对新算法进行偏见认证，这种做法可能会更加普遍。

　　人们检测偏见（和其他不幸的行为）的另一种方式，是设计能够解释它们如何得出解决方案的算法。这是很困难的，因为正如我们所看到的，人工智能通常不容易被人理解。而且就像我们从第4章讨论的视觉聊天机器人中了解到的那样，训练一个能够理智地回答关于它如何看待世界的问题的算法是很困难的。这方面进展最快的是图像识别算法，它可以指出图像中它所关注的像素，或者可以向我们展示它所寻找的各种特征。

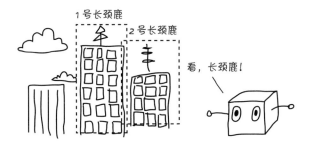

　　如果每个子算法都能报告一个人类可以理解的决策过程，那么用一系列子算法构建算法可能也会有帮助。

　　一旦我们检测到偏见，我们可以对它做些什么呢？从算法中去除偏差的方法之一是编辑训练数据，直到训练数据不再呈现出我们所关注的偏见。[27] 例如，我们可能会将一些贷款申请从"已拒绝"改为"已获批"类别，或者我们可能会选择性地将一些申请完全从训练数据中剔除。这就是所谓的预处理。

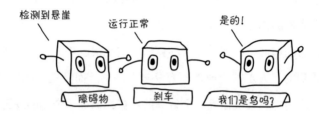

这一切的关键可能是人类的疏忽。因为人工智能很容易在不知不觉中解决了错误的问题，把事情搞砸，或者走了令人遗憾的捷径，所以我们需要有人来确保它们"绝妙的解决方案"不是拍脑袋。而这些人得熟悉人工智能倾向于成功或出错的方式。这有点儿像检查一个同事的工作，而那个人是一个非常奇怪的同事。要想大概了解一下这究竟有多奇怪，在下一章中，我们将看一看人工智能在哪些方面像人脑，在哪些方面又非常不同。

第8章
人工智能和人脑像吗

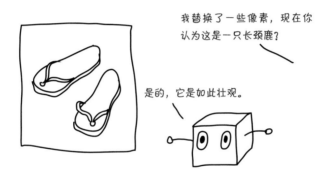

机器学习算法只是一行又一行的计算机代码，但正如我们所看到的，它们可以做一些看起来非常接近人类的事情——通过测试不同的策略进行学习，懒惰地采取捷径解决问题，或者通过删除答案来完全避免测试。此外，许多机器学习算法的设计都受到了现实生活中的例子的启发。正如我们在第3章所看到的，神经网络在概念上基于人脑的神经元，而进化算法则基于生物进化的过程。事实证明，许多在大脑或生物体中出现的现象也会在模仿它们的人工智能中出现。它们有时甚至是自发出现的，不需要程序员刻意将它们写入代码。

人工智能的梦境世界

想象一下，把一个三明治狠狠地扔到墙上。（如果有帮助的话，把它想象成第3章中那些会被拒绝的可怕三明治之一。）如果你专心致志，你可能会生动地想象出这个过程中的每一步：指间是面包片光滑滚圆的感觉；如果夹的是法棍或面包卷，你还会感受到面包皮的质地。你大概可以想象一下面包在你的手指间会有多重的分量——也许你的手指会被压进去一点儿，但不会完全进入。你也可以想象一下你的手臂在回抽以准备投掷时的轨迹，以及在甩开时释放三明治的位置。你知道它将凭借自身的惯性离开你的手，而且它在空中飞行时可能会轻微地晃动或旋转。你甚至可以预测它撞墙的位置、力度，预测到面包会如何变形或裂开，以及馅料会发生什么。你知道它不会像气球一样上升，也不会消失或闪烁绿色和橙色。（好吧，除非它是一块花生酱氦气和外星艺术三明治。）

简而言之，关于三明治、抛掷物体的物理学和墙壁，你脑中有一套内在的模型。神经科学家研究了这些内在模型，它们支配着我们对世界的认知和对未来的预测。当击球手挥棒击球时，在球离开投手的手之前，击球手的手臂就已经开始运动了——球在空中的时长不足以让神经冲动传到击球手的肌肉中。击球手不是判断球的飞行，而是依靠内在模型来判断投球的行为来确定挥棒的时间。我们许多最快的反射也是这样工作的，依靠内在模型来预测最佳反应。

输入图像

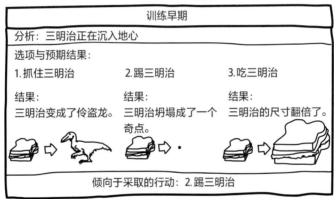

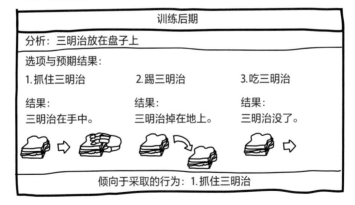

　　人们在开发在真实或虚拟地形中导航或解决其他任务的人工智能时，往往也会为它们设置内在模型。人工智能的一部分可能被

设计用于观察世界、提取重要的信息，并利用这些信息来建立或更新内部模型；一部分会利用模型来预测采取各种行动会发生什么；另一部分将决定哪种结果是最好的。随着人工智能不断训练，它在这三个任务上都会做得越来越好。人类的学习方式与之非常相似——不断地做出对周围的世界的假设并更新这些假设。

一些神经科学家认为，做梦是利用我们的内在模型进行低风险训练的一种方式。想测试一下从愤怒的犀牛手中逃脱的场景吗？在梦中测试可比触怒一头真正的犀牛要安全得多。基于这个原理，机器学习程序员有时会使用梦境训练来帮助他们的算法更快地学习。在第3章中，我们研究了一个算法——实际上是三个人工智能合而为一，它的目标是在电脑游戏《毁灭战士》的一个关卡中尽可能长地活着。[1]对游戏屏幕的视觉感知、对过去发生的事情的记忆以及对下一步将发生的事情的预测，程序员们把这三者结合在一起，开发了一个算法，它可以针对游戏关卡生成内在模型，并利用这个模型来决定该怎么做。就像人类棒球运动员的例子一样，内在模型是我们训练算法学习采取行动的最好工具。

不过，这里有一个特别的转折，让人工智能在模型本身的内部训练，并不是在真实的游戏中训练，也就是说，是让人工智能在自己的梦境版游戏中而非真实的游戏中测试新策略。这样做有一些好处：因为人工智能大多已经学会了从最重要的细节中建立自己的模型，所以梦境版游戏运行所需的计算量较小。这个过程也加快了训练速度，因为人工智能可以专注于这些重要的细节，同时忽略其他的细节。与人类做梦不同的是，人工智能做梦时，我们可以观察它们的内在模型，就像我们闯入了人工智能的梦境一样。我们看到的是潦草和模糊版的游戏关卡。我们可以通过人工智能在梦境中渲染的细节来衡量在人工智能心中游戏中的每个特征的重要程度。在这个案例中，发射火球的怪物几乎没有被勾勒出来，但火球本身的细节却被渲染得很逼真。有趣的是，墙壁上的砖块图案在内在模型中也是存在的——也许它们对于判断玩家与墙壁的距离远近来说很重要。

的的确确，在这个缩小版的宇宙中，人工智能可以磨炼自己的预测和决策能力，最终变得足够好，可以避开大部分的火球。它在梦境中学到的技能也可以迁移到真实的电脑游戏中应用。所以，通过在内在模型中的训练，人工智能可以在现实中表现得更好。

然而，并不是所有在人工智能的梦境中测试的策略在现实世界中都能奏效。它学到的其中一件事就是如何利用自己梦境的漏洞，这和第6章中所有利用自己模拟环境漏洞的人工智能一样。通过以某种方式移动，人工智能发现它可以利用内在模型中的一个缺陷，使怪物根本无法发射任何火球。当然，这一策略在现实世界中失败了。人类在梦中醒来时，有时也会同样失望，因为他们发现自己不能再飞翔了。

真假大脑所见略同

玩《毁灭战士》的人工智能有一个内在的世界模型，是因为程序员设计它时选择了使用这种模型。但在其他一些案例中，神经网络已经独立地发展出了一些策略，这些策略与神经科学家在动物大脑中发现的相同。

1997年，研究人员安东尼·贝尔（Anthony Bell）和特伦斯·塞诺夫斯基（Terrence Sejnowski）训练了一个神经网络，让它观察各种自然场景（"树木、树叶等"），看看它能检测到什么特征。没有人告诉它具体要找什么，只是告诉它应该把不同的东西分离开。（这种对数据集的自由形式分析被称为无监督学习。）这个网络最后独立发展出了一系列边缘检测和模式检测滤波器，这些滤波器类似于科学家在人类和其他哺乳动物视觉系统中发现的那种滤波器。在没有被特别告知要这样做的情况下，人工神经网络获得了一些与动物相同的视觉处理技巧。[2]

还有其他类似的案例。谷歌DeepMind的研究人员发现，他们开发的目的为导航的算法，自主地发展出了与一些哺乳动物大脑相类似的网格单元表示方法。[3]

甚至可以说，脑外科手术的方法同样可以用在神经网络上。还记得在第3章中，我介绍了研究人员对图像生成神经网络（一个生成式对抗网络）中的神经元的观察，他们能够识别是哪些神经元生成了树木、圆顶、砖块和塔楼。研究人员还找到了似乎会错误生成斑点的神经元。当他们从神经网络中移除生成斑点的神经元时，斑点就从图像中消失了。他们还发现，他们可以停用生成某些物体的神经元，然后果不其然，这些物体从图像中消失了。[4]

进化殊途同归

虚拟的神经系统并不是唯一与现实生活中的对应物相似的东西。虚拟环境中的进化可以产生在真实生物体中进化出的行为，比如合作、竞争、欺骗、捕食，甚至寄生。即使是虚拟环境中进化的人工智能的一些最奇怪的策略，在现实生活中也可以发现对应物。

在一个名为"PolyWorld"的虚拟竞技场中，虚拟生物可以争夺食物和资源，一些生物进化出了相当残酷的策略，那就是吃掉自己的孩子。在那个世界里，生产孩子不消耗任何资源，但孩子是免费的食物来源。[5] 是的，现实生活中的生物也进化出了这样的版本。一些昆虫、两栖动物、鱼类和蜘蛛专门生产未受精的营养卵，供其后代食用。有时卵是补充食物，而在其他情况下，例如穴居虫，幼虫依赖卵作为食物来源。[6] 一些蚂蚁和蜜蜂甚至生产营养卵作为它们的女王的食物。被自己的兄弟姐妹吃掉的可不仅仅是卵。有些鲨鱼生下了活的幼鱼——而那些能出生的幼鱼是靠吃子宫里的兄弟姐妹而存活下来的。

灾难性的遗忘

记得从第 2 章开始我们就反复强调，人工智能的任务越具体，它就显得越聪明。而你不能指望通过教它做一个又一个的任务，就把弱人工智能最后变成强人工智能。如果我们试图教一个弱人工智能第二个任务，它就会忘记第一个任务。你最终得到的依然是一个弱人工智能，它只能学会你最近那次教给它的东西。

　　我在训练文本生成神经网络的时候，总是遇到这种情况。

　　例如，这里是我在一些《龙与地下城》咒语名字上训练的神经网络的输出。它做得很好——这些都是可以念出来的、看上去合理的咒语名字，甚至可以拿去让别人信以为真。（我确实是在输出结果中选出了最好的那些列在这里。）

寻找忠诚

缠绕石

赐予导弹

能量秘密

共振质量

矿物控制咒

圣船

夜水

羽毛失败

向戴夫致敬

延时尾巴

臭鼬裂缝

燃烧带

黑石之刃

分心球

爱心帽匠

舞蹈种子

守护能者

不灭白雪

福奇王的诅咒

　　然后，我在一个新的关于馅饼配方名称的数据集上，训练了同样的神经网络。我会得到一个既能做出馅饼又能生成咒语的神经网络吗？刚开始训练的时候，这看起来似乎真的要变为现实了，因为这些《龙与地下城》的咒语开始有了一种独特的味道。

鉴别馅饼

检测奶油

死亡之挞

召唤失败馅饼

死亡奶油群

简单的苹果奶油工具

小熊球运输馅饼

粉碎之锤

萤光奶油馅饼

开关小馅饼

蛋挞墙

炸弹奶油馅饼

地壳音乐

神奇巧克力

自然之塔

莫登凯宁馅饼

拉里的触手奶酪碎屑

萦绕馅饼

腐烂性坏死

飞天能量团海龟

唉，随着训练的继续，神经网络很快就开始忘记它所学的咒语。它变得擅长生成馅饼的名字。事实上，它在生成馅饼名字方面变得很厉害，但它不再是一个巫师了。

烘焙奶油泡芙蛋糕

里斯核桃馅饼

蛋奶桃派二号

软糖缀饰的苹果馅饼

杏仁黑莓夹心

棉花糖南瓜馅饼

蔓越莓亚斯

甜薯馅饼

芝士樱桃馅饼二号

姜汁不可能草莓挞

咖啡芝士馅饼

绚丽南瓜馅饼

荤食点缀

烤恍惚馅饼

炸奶油馅饼

游行或肉馅饼或蛋糕一号

牛奶丰收苹果馅饼

冰指糖馅饼

南瓜馅饼与切达饼干

鱼肉草莓馅饼

奶油豆馅饼

卡里布蛋白酥饼

神经网络的这种怪癖被称为灾难性遗忘。[7]一个典型的神经网络没有保护其长期记忆的机制。当它学习新的任务时，它所有的神经元间的连接都会被破坏，然后根据拼写重新连接起来，转而用于发明馅饼。灾难性遗忘决定了今天的人工智能在现实中能解决哪些问题，也影响了我们让人工智能做事的思维方式。

研究人员正在努力解决灾难性遗忘的问题，尝试方法包括建立一种由受保护的神经元组成的长期记忆，类似于人类大脑能够顺利储存几十年的长期记忆。

较大的神经网络可能在应对灾难性遗忘方面好一些，也许是因为它们的能力来自许多分散的、训练好的神经元中，所以在迁移学习过程中，并不是所有的神经元都被重新利用。像GPT–2（第2章中提到的大型文本生成神经网络）这样的大型算法，即使我在食谱上训练了它很久，它仍然能够生成《哈利·波特》的同人小说。我所要做的就是用一个关于哈利和斯内普的故事片段来提示它，经过配方训练的GPT-2仍然记得如何填写剩下的故事。有趣的是，它表现出了一种倾向——把故事引向与食物有关的对话。用恐怖小说中的一段话来提示它，最终故事中角色们会开始分享食谱，并回忆起"巧克力覆盖的黄油奶酪三明治"，而卢克·天行者和欧比旺·克诺比之间的对话很快就会变成对阿尔德兰鱼酱的讨论。仅仅几段话下来，一个以斯内普与哈利因魔药被偷而对质为开端的故事，就变成了以下这么一场关于如何改进汤料配方的晚餐对话。

"不过我不得不怀疑，你是不是真的吃了这汤里的小鱼。这汤的味道太浓郁了，一点儿鱼的味道都没有。"

"我们吃了这一大堆的东西。"赫敏指出，"我们都是搭配鱼来吃这个的。它一定很好吃。"

"我想也是。"哈利赞同道，"我曾用加上龙虾、虾和龙虾尾一起做铁板牡蛎试过。它是非常好吃的。"

"我觉得这真的只是一个铁板生蚝烧的配方。"

"这是什么？"罗恩在厨房里说。

"对我来说，那是一种很特别的汤，因为它与众不同。你必须先从调料开始，然后再逐渐加入其他原料。"

即使一个人工智能变得足够大，可以同时处理好几个密切相关的任务，但它最终可能还是会把每个任务都做得很糟糕——还记得第 4 章中那个难以处理各种不同的猫咪姿势生成神经网络吗？

到目前为止，灾难性遗忘最常见的解决方案是分门别类：每当我们想要添加一个新的任务时，我们就使用一个新的人工智能。我们最终会有几个独立的人工智能，每个人工智能只能做一件事。但如果我们把它们连接在一起，并想办法搞清楚在哪些时候需要哪个人工智能，那么从技术角度讲，我们将拥有一个能做不止一件事的算法。回想一下玩《毁灭战士》的人工智能，其实是三个人工智能合而为一：一个观察世界，一个预测下一步会发生什么，一个决定应当采取的最佳行动。

一些研究人员认为，灾难性遗忘是阻止我们建立人类级智能的主要障碍之一。如果一个算法一次只能学习一个任务，那么它如何能承担人类所做的大量对话、分析、规划和决策的任务？灾难性遗忘可能会让我们永远只能使用单任务算法。另一方面，如果足够多的单任务算法能够像蚂蚁或白蚁一样自我协调，它们就可以通过彼此互动来解决复杂的问题。未来的强人工智能——如果存在的话，可能更像一群社会性昆虫，而不是像人类。

偏见增幅器

在第 7 章中，我们看到了人工智能从其训练数据中学习偏见的种种方式。它只会变得更糟。

　　机器学习算法不仅会习得训练数据中的偏见，而且其偏见程度往往会比训练数据更深。从它们的角度来看，它们只是发现了一个有用的捷径，能帮助它们更轻松地匹配训练数据中的人类行为。

　　你可以看到为什么这些捷径可能会有帮助。一个图像识别算法可能并不擅长识别手持物体，但如果它也看到了厨房的柜台、橱柜以及炉子等东西，它就可能会猜图片中的人拿的是一把菜刀，而不是一把剑。事实上，即使它不知道如何区分刀和菜刀，也没有关系，只要它知道场景是厨房时，大多就会猜"菜刀"。这就是第6章的类别不平衡问题的一个例子，分类算法看到一种输入的例子比另一种输入的例子多得多，于是学会了假设极少的情况永远不会发生，从而轻轻松松地获得很高的准确率。

　　不幸的是，当类别不平衡与有偏见的数据集同时出现并相互作用时，往往会导致更多的偏见。弗吉尼亚大学和华盛顿大学的一些研究人员研究了图像分类算法眼中在厨房拍摄的人类是女性或男性的概率有多高。[8]（他们的研究以及原始的人类标注的数据集，都是针对二元性别的，尽管作者也指出了这样对性别的定义并不完整。）在最初的人类标签图片中，图片中只有33%的时间是男人在做饭。显然，这些数据已经有了性别偏见。然而，当他们用这些图片来训练人工智能时，发现人工智能只将16%的图片标记为"男人"。它发现可以通过假定厨房里的任何人都是女性来提高其准确率。

还有一种情况下，机器学习算法的表现比人类差得惊人，那就是它们很容易受到一种奇怪的、非常赛博朋克式的黑客攻击。

对抗攻击

假设你在一个蟑螂养殖场负责安保工作。你在所有的摄像头上都使用了先进的图像识别技术，准备在最轻微的麻烦迹象出现时就发出警报。一天的工作都很顺利，直到你下班时查看日志，你发现虽然系统记录的蟑螂逃入员工专用区域的情况出现次数为零，但它却记录了7次长颈鹿出现的情况。也许会觉得这有点奇怪，但你还没有惊慌失措。你决定调查下摄像头的录像。你刚开始从第一个"长颈鹿"出现的时间点进行播放，就听到数百万只小脚丫的溜达的声音。

发生了什么？

你的图像识别算法被对抗攻击愚弄了。凭借对算法设计或训练数据的专业知识，甚至通过试错，蟑螂能够设计出很小的卡片，骗过人工智能，让它以为看到的是长颈鹿而不是蟑螂。小小的卡片在人们看来根本就不像长颈鹿，只是一堆五颜六色的静态图像。而蟑螂甚至不用躲在卡片后面——它们所要做的就是在走廊上厚颜无耻地走动时，不断地向摄像头展示卡片。

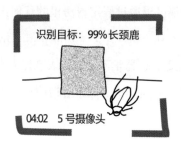

这听起来像科幻小说吗？好吧，我是说除了关于蟑螂的智能的部分。事实证明，对抗攻击是基于机器学习的图像识别算法的一个奇怪特征。研究人员已经证明，他们可以向图像识别算法展示一张救生艇的图片（它以89.2%的置信度将其识别为一艘救生艇），然后在图片的一个角落添加一小块特别设计的噪声图像。人类在看图片的时候，可以判断出这显然是一张救生艇的图片，在一个角落那边有一小块五颜六色的静态图像。然而，人工智能却以99.8%的置

原图：潜水艇 98.87%，引擎盖 0.00%

加噪声后的图：潜水艇 0.24%，引擎盖 99.05%

潜水艇（98.9%）→引擎盖（99.1%）

信度将救生艇识别为苏格兰猰。[9]采用类似的方法，研究人员甚至成功地说服人工智能，潜水艇其实是一个引擎盖，而一枝雏菊、一只棕熊和一辆小货车都是树蛙。人工智能甚至不知道自己已经被那片特殊的噪声像素所愚弄。当被要求改变几个像素，让引擎盖重新看起来像一艘潜水艇时，算法的做法是改变分散在整个图像中的像素，而非针对那块特定的导致问题的噪声。

那一小块对抗性的干扰斑点，造成了算法正常运行和大规模蟑螂突围的天壤之别。

在能访问算法的内部结构的情况下，设计对抗攻击是最容易的。但事实证明，你也可以骗过一个陌生人的算法。LabSix[①]的研究人员发现，即使在没有权限访问神经网络的内部连接的情况下，他们也可以设计对抗性攻击。当他们只能观察到神经网络的最终决定时，甚至只被允许尝试有限次数（在这个案例中是100 000次）时，使用试错法，他们就可以愚弄神经网络。[10]仅仅通过操纵向工具展示的图像，他们成功地愚弄了谷歌的图像识别工具，使其认为一张滑雪者的照片是一张狗的照片。

他们具体是这样操作的：从一张狗的照片开始，用滑雪者照片中的像素逐一替换这张照片的一些像素，确保只挑选那些似乎没有影响人工智能认为照片看起来像狗的像素。如果你和人类一起玩这个游戏，过了一定时间，人类就会开始观察到滑雪者的照片上叠加了狗的照片。最终，当大部分像素被改变后，人类会只看到滑雪

---

① 来自麻省理工学院的学生创建并独立运营的一个人工智能研究团体。——编者注

者，而看不到狗。但是，尽管更换了这么多像素后，人类已经看到一张明显的滑雪者的照片，但人工智能仍然认为这张照片中是一只狗。人工智能似乎是根据几个关键的像素来做决定的，而这些关键像素的这份作用对于人类来说是不存在的。

狗	95%
像狗的哺乳动物	87%
雪	84%
北极	70%
冬季	67%
冰	65%
娱乐	60%
结冰	60%

170.png

那么，如果你不让任何人愚弄你的算法或看到它的代码，你能保护你的算法不受对抗攻击影响吗？事实证明，如果攻击者知道算法训练所用的数据集，你的算法就可能仍然容易受到影响。正如我们后面会看到的那样，这个潜在的漏洞出现在了现实世界的应用中，比如医学影像和指纹扫描。

问题是，世界上只有少数几个图像数据集既可以免费使用，又庞大到对训练图像识别算法有帮助，许多公司和研究团体都在使用它们。但这些数据集又有它们的问题，比如其中一个数据集ImageNet，它包含126种狗，但没有马和长颈鹿，而且其中的人类大多为浅色皮肤。但这些数据集用起来很方便，因为它们是免费的。为某种人工智能设计的对抗攻击，很可能也会作用于其他从与之使用相同图像数据集学习的人工智能。似乎训练数据才是至关重要的，而不是人工智能设计方式的细节。而这意味着，即使你对你的人工智能的代码保密，如果你不去花时间和金钱创建自己的专有数据集，黑客仍然可能设计出能够欺骗你的人工智能的对抗攻击。

人们甚至可以通过在公开的数据集中"下毒"来建立自己的对抗攻击。例如，有一些公开的数据集，人们可以向这些数据集贡献恶意软件的样本，以训练反恶意软件的人工智能。但2018年发表的一篇论文显示，如果一个黑客向其中一个恶意软件数据集提交足够多（足以破坏仅仅3%的数据集）的样本，那么黑客就能设计出挫败在其上训练的人工智能的对抗攻击。[11]

为什么训练数据对算法的成功比算法的设计重要得多，目前还不完全清楚。而且这有点儿令人担忧，因为这意味着算法实际上可能是在识别其数据集的诡异怪癖，而不是学习在各种情况和亮度条件下识别物体。换句话说，过拟合在图像识别算法中的存在，可能比我们愿意相信的程度更为普遍。

但这也意味着，同一家族的算法——从相同的训练数据中学习的算法，对彼此之间的理解好得出奇。当我让一个叫AttnGAN的图像识别算法生成一张"一个女孩正在吃一大块蛋糕"的照片时，它生成的东西令人几乎无法辨认。块状的蛋糕飘浮在一个肉质的毛发顶部的肿块周围，上面有太多的孔洞。蛋糕的质地诚然做得很好，但人类无法理解算法想画的是什么。

一个女孩正在吃一大块蛋糕

但你知道谁能看出AttnGAN想画什么吗？在COCO数据集上训练的其他图像识别算法。视觉聊天机器人几乎完全正确地识别出了图中的内容，报告说"一个小女孩正在吃一块蛋糕"。

视觉聊天机器人：一个小女孩正在吃一块蛋糕

微软 Azure：一个人坐在桌旁吃蛋糕

谷歌云：吃，垃圾食品你，烤制，幼儿，零食

（国际商业机器）沃森：人，食物，食物产品，孩子，面包

（以上算法均训练于COCO数据集）

然而，在其他数据集上训练出来的图像识别算法却对这张图感到很费解。"蜡烛？"其中一个猜测道。"帝王蟹？""椒盐脆饼？""海螺？"

DenseNet：蜡烛

SqueezeNet：帝王蟹

Inception V3：椒盐脆饼

ResNet-50：海螺

（以上算法均训练于ImageNet数据集）

艺术家汤姆·怀特（Tom White）利用这种效果创造了一种新的抽象艺术。他给一个人工智能提供了一个由抽象斑点和彩色笔刷组成的调色板，并让它画出另一个人工智能能够识别的东西（例如，一个杰克南瓜灯）。[12]所画出的图画看起来只是和它们应该是的东西有些隐约相似之处——"量杯"是一个布满了横向涂鸦的绿色小球，而"大提琴"看起来更像一颗人类的心脏而不是乐器。但对于在ImageNet上训练的算法来说，这些图片是无比准确的。在某种程度上，这种艺术品也是对抗攻击的一种形式。

当然，正如我们之前提到的蟑螂养殖场的场景一样，对抗攻击往往是一个坏消息。2018年，来自哈佛医学院和麻省理工学院的一个团队警告说，医学中的对抗攻击可能会特别隐蔽——而且让人有利可图。[13]今天，人们正在开发图像识别算法，以自动筛查识别X射线、组织样本和其他医学图像，以发现疾病的迹象。背后的想法是通过高吞吐量筛选来节省时间，这样人类就不必查看每一张图像。另外，无论在哪家医院，无论在哪里部署软件，结果都可以是一致的——因此，它们可以用来决定哪些病人更有资格接受某些治疗，或者比较各种药物。

这就是黑客攻击入局的动机所在。在美国，保险欺诈已经成为一种利润丰厚的生意，一些医疗服务提供者正在增加不必要的检查和程序以增加收入。对抗攻击将以一种方便且难以察觉的方式，将一些患者的鉴定结果从某种类型改为另一类型。同样有人被诱惑去调整临床试验的结果，以令某种可获利的新药获得批准。而且，由于很多医学图像识别算法都是在通用的 ImageNet 数据集上训练的，只额外在专门的医学数据集上训练了一小段时间，所以它们相对容易遭受黑客攻击。不过，这并不意味着在医学中使用机器学习没有前景——这只是表明我们可能永远需要一个人类专家来抽查算法的工作。

另一个可能特别容易受到对抗攻击的应用是指纹读取。来自纽约大学坦登工程学院和密歇根州立大学的一个团队表明，它可以使用对抗攻击来设计它所谓的主人指纹——一个可以以77%的通过率被低安全性指纹读取器读取的指纹。[14]该团队还能在相当一部分时间内骗过安全性较高的指纹阅读器，或者根据不同数据集训练的商业指纹阅读器。主人指纹甚至看起来也像普通指纹，与其他包含静态图像或扭曲的伪造图像不同，这使得伪造行为更难被发现了。

语音文字转换算法也可以被黑客攻击。生成一段内容为"在蟑螂进来之前把门封上"的音频，然后再叠加上人类认为是静电噪声的噪声，语音识别人工智能就会把这个片段识别为"请享用美味的三明治"。如法炮制，我们可以将信息隐藏在音乐，甚至是沉默中。

喜欢这个美味的三明治吗？
如果我喜欢请别介意。

　　简历筛选服务可能也容易受到对抗攻击——不是被黑客用自己的算法攻击，而是被那些试图以隐蔽的方式修改简历以通过人工智能筛选的人攻击。《卫报》报道称："一家大型科技公司的人力资源部员工建议在简历中用不可见的白色文字写上'牛津'或'剑桥'字眼，以通过自动筛选。"[15]

　　机器学习算法并不是唯一容易受到对抗攻击的技术。即使是人类也容易受到威利狼式的对抗攻击，比如竖起一个假的停车标志，或者在坚固的岩壁上画一条假的隧道。只是机器学习算法可以被那种人类根本不会察觉的对抗攻击所愚弄。随着人工智能的普及，我们可能会迎来一场人工智能安全与越来越复杂、越来越难以发现的黑客之间的军备竞赛。

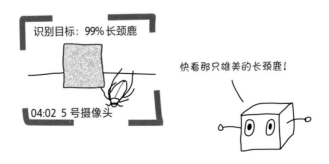

识别目标：99% 长颈鹿

04:02 5 号摄像头

快看那只雄美的长颈鹿！

> 　　一个针对使用触屏的人类的对抗攻击例子：一些广告商在他们的广告上放上了假的"灰尘"斑点，希望人类在尝试清理屏幕的同时不小心点击广告。[16]

忽略显而易见的事情

　　如果没有办法看到人工智能在想什么，或者询问它们是如何得出结论的（人们正在研究这个问题），通常我们发现问题的第一条线索就是，人工智能做了一些奇怪的事情。

　　当你给人工智能看一只边上画着圆点或拖拉机的羊，它会报告说看到了这只羊，但不会报告它有什么异常。当你给人工智能看一张有两个头的羊形椅子，或者有太多腿的羊，或者有太多眼睛的羊时，算法也只会报告有一只羊。

　　为什么人工智能会完全无视这些畸形的东西？有时是因为它们没有办法表达它们的想法。有些人工智能只能通过输出一个类别名称（比如"羊"）来回答，它们没有另一个选项可以表达，是的，它是一只羊，但有些东西很不对劲儿。除此之外，往往可能还有其他原因。事实证明，图像识别算法非常善于识别被打乱的图像。如果你把一张火烈鸟的图像切成碎片，然后重新排列，人类就无法再分辨出这是一只火烈鸟。但人工智能可能仍然不难看出这是一只火烈鸟。它仍然能够看到一只眼睛、一个喙尖和几只爪子，即使这些元素的相对位置不对。人工智能只是在寻找这些特征，而不是特征之间的连接方式。换句话说，人工智能的行为就像一个特征袋模型。即使是理论上能够观察宏观形态而不仅仅是微小特征的人工智能，似乎也经常表现得犹如简单的特征袋模型。如果火烈鸟的眼睛在它的脚踝上，或者它的嘴躺在几米远的地方，人工智能也不会发现任何异常。

基本上，如果你身处一部恐怖电影之中，僵尸开始出现时，你可能就会想夺回自动驾驶汽车的控制权。

行人在人行道上！最好慢一点儿。

更令人担忧的是，负责自动驾驶的人工智能可能会错过其他罕见但更现实的路面危险。如果前面的车着火了，在冰面上甩尾，或者载着一个詹姆斯·邦德电影式的恶棍在路上丢了一堆钉子，除非自动驾驶程序专门为这个问题做了准备，否则它不会发现任何异常。

你能设计一个人工智能来数眼睛或识别着火的汽车吗？当然可以。一个判断"着火与否"的人工智能可能会相当准确。但要让一个人工智能去区分燃烧的汽车和普通的汽车，去识别醉酒的司机、自行车和逃跑的鸸鹋——这就成了一个非常宽泛的任务。请记住，越是针对具体任务的人工智能，看起来越聪明。处理世界上所有怪异的事情，是今天的人工智能无法完成的任务。为此，你需要一个人类。

第 9 章
人类机器人
（你不应该预期在哪里看到人工智能的身影）

那么，你靠什么维持生计呢？

我伪装成一台干我的活儿的计算机。

　　在本书中，我们已经了解到，人工智能只有在非常具体和可控的情况下，才能达到人类的水准。当问题变得宽泛时，人工智能就会开始力不从心。应对各种社交媒体用户就是一个典型的广泛而棘手的问题，这就是为什么我们说"社交媒体机器人"——传播垃圾邮件或错误信息的流氓账户——不太可能用人工智能实现。事实上，对于人工智能来说，识别一个社交媒体机器人可能比成为一个社交媒体机器人更容易。相反，构建社交媒体机器人的人很可能会使用传统的、基于规则的编程方法来自动完成一些简单的功能。如果任务比这更复杂，很可能就是一个报酬少得可怜的人类在干活，而不是真正的人工智能。（人类抢走了机器人的工作，这真的有些讽刺意味。）在本章中，我将讨论一些我们眼中的机器人其实是人类的例子——以及你不太可能很快看到人工智能的地方。

披着机器人外衣的人类

人们给人工智能布置的任务，常常难度过高。有时候，程序员只有在他们的人工智能尝试后但遭遇挫折的时候，才发现有问题。其他时候，他们并没有意识到他们的人工智能解决的问题与他们希望它解决的问题不同且更容易（例如，基于医疗病例文件的长度而不是其内容来识别问题病例）。[1]还有一些程序员会假装他们已经知道如何用人工智能解决问题，暗地里却用人类来代替AI。

后一种把人类的工作说成是人工智能的现象，比你想象的要普遍得多。对于很多应用来说，人工智能的吸引力在于它能够扩展到巨大的体量，每秒分析数百张图片或数百笔交易。但对于非常小的体量的任务来说，用人类来工作比研发一个人工智能来做更便宜，也更方便。2019年，被归入人工智能类别的欧洲初创公司中，有40%根本没有使用任何人工智能。[2]

有时，使用人类只是一种暂时的解决方案。一家科技公司可能会在解决用户界面和工作流程等问题或者评估投资者兴趣时，首先

开发一个由人类驱动的软件进行模拟。有时，人类驱动的模拟模型
甚至会产生一些样本，作为以后人工智能的训练数据。这种"作假
直到成真"的方法有时会很有意义。它也可能成为一种风险—— 一
家公司可能最终会展示一个它实际无法成功构建的人工智能。人类
可以完成的任务，对人工智能来说可能真的很难，甚至根本不可能
做到。人类有一个潜移默化的习惯，就是在不知不觉中完成一些宽
泛的任务。

　　然后会发生什么？公司有时会使用的一个解决方案是，如果
人工智能开始力不从心，就会有一个等待已久的人类员工主动介
入。如今的自动驾驶汽车一般都是这样工作的：人工智能可以胜任
在长距离的高速公路上，或在长时间的且停且行的慢速车流中保持
速度甚至转向的驾驶任务。但如果人工智能有什么不确定的地方，
人类必须随时准备好帮忙。这就是所谓的伪人工智能或混合人工
智能。

　　一些公司在研发一个能够扩展的人工智能解决方案时，会将伪
人工智能视为权宜之计。但这个"权宜"的时间可能并不总能如他
们所愿般短暂。还记得第 2 章中的脸书 M 机器人吗？那个会将棘手
的问题发送给人类员工的个人助理人工智能应用，虽然其背后的想

法是为了最终省去人类的参与，但助理工作的范围太过宽泛，人工智能永远也搞不清楚。

其他公司则在积极拥抱伪人工智能，视其为结合人工智能的高效率和人类的灵活性的最佳方式。多家公司提供了混合图像识别功能，如果人工智能对图像不确定，图像就会被送到人类那里进行分类。一家送餐服务公司使用人工智能驱动的机器人，但需要骑自行车的人类将食物从餐厅送到机器人手中，人工智能则只需在人类司机远程设定的接受点之间移动5~10秒时间内帮助机器人导航。[3] 还有公司在宣传混合人工智能聊天机器人：一开始与客户交谈的是人工智能，一旦对话变得棘手，对话就会转给人类。

如果客户知道他们正在与人打交道，那么这套方案可以顺利运行。但有的客户以为自己的费用报告[4]、个人日程[5]和语音邮件[6]是由一个客观的人工智能处理的，当他们得知是人类员工正在看他们的敏感信息时，他们感到非常震惊，而发现自己正在发送人们的电话号码、地址和信用卡号码的时候，人类雇员也是同样震惊。

混合人工智能和伪人工智能聊天机器人也有自己的潜在隐患。每一次远程交互都会成为一次某种形式上的图灵测试，在客户服务限制严格、高度脚本化的交互环境中，可能很难区分人类和人工智能。人类最终可能会被其他人类当成机器人，然后被不礼貌对待。已经有员工抱怨过这种情况，其中包括一位为耳聋和听障客户生成实时电话记录的员工。当人类犯错时，打电话的人有时会抱怨"没用的电脑"。[7]

另一个问题是，人们最终对人工智能的能力产生了错误的认识。如果某个东西声称自己是人工智能，然后开始以人类水准进行对话、识别面孔和物体，或者制作几乎完美无缺的抄本，人们可能会认为人工智能真的可以自己做这些事情。2018年《纽约时报》报道称，一些国家仍在用传统方式进行大部分面部识别：让人类查看一组照片并进行匹配。然而，它们告诉公众的是，它们正在使用先进的人工智能。它们希望人们相信，一个全国性的监控系统已经能够追踪人们的一举一动。据说，人们基本会相信。[8] 在装有公共摄像头的区域，乱穿马路的行为和犯罪率都有所下降，当被告知系统已经看到他们的犯罪行为时，一些嫌疑人甚至已经认罪伏法。

要不要机器人？

那么，鉴于许多人工智能被人类部分甚至完全取代，我们如何判断我们面对的是不是一个真正的人工智能呢？在本书中，我们已经介绍了很多你会看到人工智能做的事情，以及你不会看到它做的事情。但是在外面的世界里，你会遇到很多关于人工智能能做什么、已经在做什么或者很快就会做什么的夸张说法。那些试图推销产品、讲述耸人听闻的故事的人，会想出一些过于夸张的标题。

* 脸书的人工智能发明了人类无法理解的语言。系统在进化成

天网之前就被关闭了[9]

• 保姆筛查应用 Predictim 利用人工智能发现欺凌行为的端倪[10]

• 第一个机器人公民索菲亚（Sophia）对性别和意识的看法是这样的[11]

• 美国宾夕法尼亚大学 30 吨重的电子脑比爱因斯坦（1946）思考得更快[12]

在本书中，我试图让大家清楚人工智能到底能做什么，以及它不可能做什么。像上面这样的标题是巨大的危险信号——在本书中，我已经告诉了你许多它们危险的理由。

以下是评估人工智能宣称的表现时要问的几个问题。

1.这个问题有多宽泛？

正如我们在本书中所看到的那样，人工智能在非常具体、定义准确的问题上表现得最好。对人工智能来说，下国际象棋或围棋已经够具体了。识别特定种类的图像——识别人脸的存在或区分健康细胞和特定种类的病变细胞——可能也是可以做到的。应对城市街道或人类对话中包含的不可预知性，可能是它无法企及的——如果它尝试去做，可能在很多时候会取得成功，但无法避免各种小问题。

当然，有些问题处于灰色地带。一个人工智能也许能够很好地对医学影像进行分类，但如果你塞给它一张长颈鹿的照片，它可能会不知所措。伪装成人类的人工智能聊天机器人通常会使用一些小伎俩——比如，在特定的情况下，假装成一个英语能力有限的 11

岁乌克兰孩子[13]——来解释前后不一致或者无法处理大多数话题的问题。其他人工智能聊天机器人的"对话"是在问题已知的受控环境下进行的——而且答案是人类事先写好的。如果一个问题看起来需要广泛的理解或背景来回答，那么很可能就是人类在负责。

2. 训练数据从何而来？

有时，人们会炫耀"人工智能创作"的故事，但其实这都是他们自己写的。你也许还记得2018年的一个病毒式推特笑话，说的是一个机器人看了1 000个小时的橄榄园广告，并生成了一个新的剧本。这个笑话是由人类写的，露出马脚的地方在于，描述中人工智能从中学习的数据与它的产出不一致。如果你给一个人工智能一堆视频来学习，它就会输出视频。它无法输出带有舞台指示的剧本——除非还有另一个人工智能或者一个人类，其工作就是把视频变成剧本。这个人工智能是否有一套可以模仿的案例，或者有一个适应性函数可以最大化？如果没有，那么你看到的很可能不是人工智能的作品。

3. 这个问题需要大量的记忆吗？

记得从第2章开始我们就反复强调，在不需要一次记住很多东西的时候，人工智能才会有最好的表现。人们一直在改进这一点，但目前来说，人工智能的产物的标志之一就是缺乏记忆。人工智能写的故事可能情节曲折，但会忘记呼应之前埋下的伏笔，人工智能有时甚至会忘记把一句话写完。玩复杂的电脑游戏时，人工智能会在长期战略方面遇到困难。负责聊天的人工智能会忘记你之前给它们的信息，除非它们被明确编程要记住你的名字等信息。

如果一个人工智能能呼应之前讲过的笑话，写故事时保持人物连贯、角色稳定，还能持续跟踪一个房间里的物体，那么可能至少有一些人类在幕后编辑帮忙。

4. 它是否在模仿人类的偏见？

即使人们真的利用人工智能来解决问题，人工智能的能力也有可能并不像其程序员宣称的那么惊人。例如，如果一家公司宣称自己开发了一种新的人工智能，可以梳理应聘者的社交媒体，并判断应聘者是否值得信赖，就应该立即引起我们的警觉。这样的工作需要人类级别的语言能力，要有能力处理模因、笑话、讽刺、对时事的引用、文化敏感性等。换句话说，这是一个强人工智能才能完成的任务。所以，如果它要给出每个候选人的评分，它的决策依据是什么？

2018年，其中一家提供这样的服务的公司通过社交媒体信息筛选潜在保姆。该公司的首席执行官告诉Gizmodo杂志："我们通过自主训练产品、机器和算法，以确保它是道德的，而非存在偏见的。"至于其人工智能没有偏见的证据，该公司的首席科技官说："我们不看肤色，不看种族，这些甚至不是算法输入变量的一部分。我们不会让算法本身看到这些信息。"但正如我们所看到的那样，对于一个坚定的人工智能来说，它有很多方法可以发现各种趋势，进而帮助它发现人类对彼此的评价——邮政编码甚至照片都可以暗示种族方面的信息，而词语的选择可以给它提供关于性别和社会阶层等信息的线索。Gizmodo 杂志的记者在测试保姆筛选服务时，发现了一个可能暴露了问题的迹象：他发现他的黑人朋友被评为"不值得尊重"，而他爱说脏话的白人朋友却得到了更高的评价。当被问及人工智能是否可能在训练数据中发现了系统性偏见时，这位首席执行官承认了这种可能性，同时指出他们已经增加了人工审核，以发现这样的错误。那么问题是，为什么该筛选服务对这两位朋友会有这样的评价？人工审核并不一定能解决算法存有偏见的问题，因为偏见很可能源于人类。而且这个人工智能并没有告诉它的客户它是如何做出决定的，也很可能没有告诉它的程序员。这使得它的决定很难被追责。[14]在 Gizmodo 杂志和其他公司报道了他们的服务后不久，脸书、推特和图享以违反服务条款为由限制了该公司的社交媒体访问，该公司也停止了他们推出新产品的计划。[15]

筛选求职者的人工智能可能也存在类似的问题，比如亚马逊的简历筛选人工智能就学会了惩罚女性求职者。提供人工智能驱动的候选人筛选服务的公司指出，有一些案例研究表明，一些客户在使用人工智能后显著提高了招聘的多样性。[16]但如果没有仔细测试，我们很难知道多样性提高的原因。如果和招聘中带有种族和/或性别偏见的典型公司相比，即使人工智能驱动的职位筛选器完全随机地推荐求职者，也能帮助提高多样性。而依据视频判断的人工智能又如何应对面部有疤痕或部分瘫痪，或者面部表情不符合西方和/或传统规范的求职者呢？

正如美国广播公司商业频道在 2018 年报道的那样，有人已经

建议人们表现得过度情绪化，或者化妆，来让自己的脸更容易被筛选求职者视频的人工智能读取和理解。[17]如果基于情感的人工智能应用得更加广泛，用于筛查人群中微表情或肢体语言可能引发某种警告的人，那人们就可能因此而被迫表演。

问题在于，要求人工智能学会判断语言和人类的细微差别，实在是一项太困难的工作。更糟糕的是，唯一简单可靠的规则反而可能是它不应该使用的，比如偏见和刻板印象。构建一个改善人类偏见的人工智能系统是可能的，但这需要大量针对性的工作，否则永远都做不到。所以，尽管出发点是善意的，我们还是难以杜绝偏见的出现。当我们使用人工智能从事这样的工作时，我们不能完全相信它的决定，必须人为检查它的工作。

第 10 章
人类与人工智能的搭档

费伊血卷诗人

力量值　4
敏捷度　2
智力值　8
智慧值　10

其实我觉得那是一辆卡车，而不是一条龙。

黎明战士勋爵

力量值　10
敏捷度　7
智力值　3
智慧值　0

特雷彻虎须巫师

力量值　2
敏捷度　6
智力值　10
智慧值　0

古布匕首盗贼

力量值　6
敏捷度　10
智力值　2
智慧值　0

速食人工智能：加入人类的专业知识就好了

如果说我们从这本书中学到了什么的话，那就是没有人类，人工智能也做不了什么。让它自己去做，最好的情况是徒劳无功，最坏的情况则是它完全解决了一个问题，但那个问题是错误的——如我们所见，这可能会产生毁灭性的后果。因此，正如我们所知，人工智能驱动的自动化不太可能终结人类的劳动。即便是在广泛使用先进的人工智能技术的情况下，更有可能实现的未来愿景依然是人工智能和人类合作解决问题，提高处理重复性任务的速度。在本章中，我将带大家看看人工智能和人类一起工作的未来会怎样，以及这些合作将以怎样令人惊讶的方式进行。

正如我们在本书中不断看到的那样，人类需要确保人工智能解决正确的问题。这项工作包括预测机器学习容易犯的各种错误，并确保去积极搜检这些错误——甚至在一开始就避免这些错误。选择正确的数据可能是其中一个重要的部分——我们已经看到，混乱或有缺陷的数据会导致问题。当然，人工智能也不能自己去收集数据集。除非我们再设计一个人工智能，而它的工作就是寻找数据。

当然，从头开始构建人工智能是人类的另一项工作。像海绵一样吸收信息的空白大脑只存在于科幻小说中。对于真正的人工智能，人类必须选择与它要解决的问题相匹配的形式来构建它。我们是在打造一个会识别图像的东西吗？一个会生成新场景的东西？会预测电子表格上的数字或句子中的单词的东西？以上每一个问题都需要特定类型的人工智能。如果问题很复杂，可能需要许多专门的算法组合在一起以获得最佳的结果。同样，人类必须选择子算法并设置好它们，以便它们能够一起学习。

　　数据集中也会有很多需要人类参与的工程。如果人类程序员能把所有事情都设置好，让人工智能少走弯路，它就能走得更远。还记得第1章中的敲门笑话吗——如果人工智能不用学习由敲门和回应组成的整个笑话公式，而只专注于填入包袱，那么它的进步就会快很多。如果我们一开始就给它列出一个已有的单词和短语清单，让它在构造双关语时使用，它的表现还会更好。再举一个例子，如果开发者知道他们要开发的人工智能需要跟踪三维信息，这一点就可以帮到他们，他们可以在人工智能的"大脑"中采用三维的方式对象表示。[1]清理一个混乱的数据集，去除那些容易分散注意力或造成混淆的数据，也是人类参与的数据集工程中的重要部分。还记得第4章中的人工智能吗？它把时间花在试图格式化ISBN上，并尽心尽力地从数据集中复制奇怪的错别字，却没有全力生成食谱。

　　从这个意义上说，实用的机器学习最终有点儿像基于规则的编程和开放式机器学习的混合体，前者是人类一步步告诉计算机如何解决问题，后者则是算法必须搞清楚一切。一个对算法要解决的问题拥有非常专业的知识的人，可以真正帮助程序解决问题。事实上，有时候（也许这才是最理想的情况），程序员研究了这个问题，发现他们现在对这个问题理解得非常透彻，根本不需要再使用机器学习了。

当然，过多的人为监督也会适得其反。人类不仅速度慢，而且我们有时也完全不知道什么是解决问题的最佳方法。在一个案例中，一组研究人员试图通过增加更多的人类帮助来优化图像识别算法的性能。[2] 研究人员并没有仅仅将一张图片标注为描绘了一只狗，而是要求人类点击图片中真正包含狗的部分，然后对人工智能编程，让它特别关注这部分。这种方法很有道理——如果人们指出应该注意图片的哪一部分，人工智能是不是应该学得更快呢？结果发现，如果你标注出了狗所在的区域，人工智能会注意这部分——但只要影响稍大一点儿，它的表现就会大打折扣。更令人困惑的是，研究人员并不知道具体原因。也许我们并不了解什么能真正帮助图像识别算法识别出一些东西。也许点击图像的人甚至不明白自己是如何识别狗的，他们点击的是图像中他们认为重要的部分（主要是眼睛和口鼻），而不是自己真正用来识别它的部分。当研究人员问人工智能它认为图像中哪些部分是重要的（通过观察哪些部分来激活它的神经元），它很可能会突出狗的边缘，甚至照片的背景。

维护

机器学习需要人类做的另一件事，是维护。

当一个人工智能在真实世界的数据上训练之后，世界可能会发生改变。机器学习研究人员赫克托·余（Hector Yee）报告说，约2008年一些同事告诉他，没有必要设计一个新的人工智能来检测图像中的汽车——他们已经有了一个效果很好的人工智能。但当赫克托在真实世界的数据上试验他们的人工智能时，它的表现非常糟糕。结果发现，这个人工智能是在20世纪80年代的汽车数据上训练出来的，所以它不知道如何识别现在的汽车。[3]

我在喜欢见到长颈鹿的视觉聊天机器人身上也看到过类似的怪癖，这个机器人我们在第4章介绍过。它有一种倾向，把手持物体（光剑、枪、剑）识别为Wii遥控器。如果我们还处于2006年——Wii的鼎盛时期，这可能是一个合理的猜测。然而10多年后，发现一个人拿着Wii遥控器的可能性越来越小。

各种各样的事情都有可能改变和扰乱人工智能。正如我在前一章中提到的，道路封闭甚至野火等危险可能无法阻止只看到车流的人工智能推荐它认为有吸引力的路线。或者，也许会流行一种新型的滑板车，使得自动驾驶汽车的危险检测算法彻底失效。世界在不断变化，这让设计算法来理解它的难度大大增加了。

人们还需要能够调整算法来修复新发现的问题。也许会出现一个灾难性的罕见故障，就像短时间内影响苹果智能语音助手Siri的那个故障，导致用户说"打电话给我叫一辆救护车"[①]时，它回应道："好吧，从现在开始我就称呼你为'一辆救护车'。"[4]

[①] "打电话给我叫一辆救护车"这句话和下一句"称呼我为一辆救护车"在英文中写法相同，都是"call me an ambulance"。——译者注

另一个需要人类监督的地方，是在检测和纠正偏见的问题上。为了对抗人工智能决策延续人类偏见的倾向，政府和其他组织开始要求对偏见进行检测，这是理所当然的。正如我在第7章中提到的，2019年1月，纽约州发文要求寿险公司证明其人工智能系统没有基于种族、宗教、原籍国或其他受保护阶层的歧视。州政府担心，使用"外部生活方式指标"——从家庭住址到教育水平的任何东西——来做出承保决定，会导致人工智能使用这些信息以非法的方式进行歧视。[5]换言之，他们希望防止出现盲目相信算法的行为。我们可能会看到公司方对这种测试的抵制，这些公司希望他们的人工智能的专有性受到保护或更难被黑客攻击，或者不希望他们的人工智能那些令人尴尬的捷径被揭露。还记得亚马逊公司具有性别歧视倾向的筛选简历的人工智能吗？亚马逊在将人工智能用于现实世界之前就发现了这个问题，并将其作为一个警示性故事告诉我们。此时此刻，还有多少其他有偏见的算法正在尽心尽力地工作，却完全做错了？

注意那些边干边学的人工智能

人工智能不仅不善于意识到它们聪明的解决方案何时会带来问题，它们和它们的环境也会以不幸的方式互动。一个例子是现在臭名昭著的微软的聊天机器人Tay，这是一个基于推特机器人学习的机器，它是从发推文@它的用户那里学习的。这个机器人的寿命很短。"不幸的是，在上线的前24个小时内，"微软告诉《华盛顿邮报》，"我们意识到一些用户在合谋滥用 Tay 的评论技能，让 Tay 以不恰当的方式回应。因此，我们已经将 Tay 下线并正在进行调整。"[6]用户几乎没有花费什么时间就教会了 Tay 喷涌出仇恨和其他辱骂性言论。Tay 没有内置的意识，不知道什么样的言论是具有攻击性的，而破坏者很乐意利用这一事实。事实上，在不错误标记出讨论攻击性内容的后果的内容的前提下，标记出攻击性内容，这个任务是出了名的困难。正如我们在第5章中了解到的那样，如果没有很好的方法来自动识别攻击性的内容，机器学习算法有时会不遗余力地推广它们。

> 自动补全搜索引擎查询词条的人工智能也是边干边学，当人类参与其中时，就会导致奇怪的结果。人类的问题是，如果搜索引擎自动补全功能犯了一个非常搞笑的错误，人类会倾向于点击它，而这只会让人工智能更有可能向下一个人类提示同样的搞笑错误选项。最有名的是在 2009 年，引擎自动补全成了"为什么我的鹦鹉不吃我的腹泻"。[7]人类觉得这个提示问题非常搞笑，很快，只要人们开始输入"为什么不"，人工智能就会提示这句话。于是谷歌不得不通过人工手动干预，来阻止人工智能提示这句话。

正如我在第7章中提到的那样，如果预测性治安算法边干边学，也会有危险。如果一个算法看到某一个街区的逮捕人数比其他街区多，它就会预测今后那里的逮捕人数也会更多。如果警方对这一预测做出反应，向该地区派出更多的警察，这可能就会变成一个自我实现的预言：更多的警察在街道上意味着，即使实际犯罪率不比其他街区高，警察也会目睹更多的犯罪，并实施更多的逮捕。当算法看到新的逮捕数据时，它可能会预测该街区的逮捕率会更高。如果警察的反应是增加他们在该社区的出现频率，那么问题只会升级。当然，不仅人工智能容易受到这种反馈循环的影响，非常简单的算法甚至人类也会上当。

这里有一个非常简单的反馈循环：2011年，一位名叫迈克尔·艾森（Michael Eisen）的生物学家注意到，当他实验室的一位研究人员试图购买一本关于果蝇的专业教科书时，发现了一些奇怪的事情。[8]这本书已经绝版，但并不是非常罕见，亚马逊上有二手书，价格约为35美元。然而，两本待售新书的售价分别为1 730 045.91美元和2 198 177.95美元（外加3.99美元的运费）。当艾森第二天再次查证时，两本书的价格都有所上涨，达到了近280万美元。在接下来的几天里，他总结出了一个规律：上午，销售较便宜那本书的公司会提高价格，使其价格正好是较昂贵那本书的99.83%。下午，贵的那本书的价格会提高，变成正好是便宜的那本书价格的1.270 589倍。两家公司显然都在使用算法来设定书价。很明显，一家公司希望在收取尽可能多的费用的同时，还能保持自己的价格最便宜。但卖更贵的书的那家公司的动机是什么呢？艾森注意到那家公司的反馈评分非常高，于是推测它指望以此来诱导一些顾客支付稍高的价格购买这本书——这时，它就会向便宜的公司订购这本书，然后发货给顾客，将利润收入囊中。大约一周后，螺旋式上升的价格又降回到了正常水平。显然，有人发现了这个问题，并纠正了它。但许多公司一直在使用没有人类监督的算法定价。有一次，当我查看亚马逊时，有几本涂色书正在以每本 2 999 美元的价格出售。

　　书价是基于简单规则的程序的产物。但机器学习算法可能以更刺激的新方式制造麻烦。2018 年的一篇论文显示，在类似上述图书定价设置的情况下，两个机器学习算法各自被赋予了设定一个利润最大化的价格的任务，它们可以学会以一种既高度复杂又高度非法的方式相互勾结。它们可以做到这一点，而不需要人们明确地教给它们如何串通一气，也不需要彼此直接沟通——不知何故，它们只需观察对方的价格，就能建立起一个定价方案。这一点到目前为止只在模拟中得到了证明，并没有出现在现实世界的定价方案中。但人们估计，很大一部分在线价格是由自主的人工智能制定的，所以广泛进行价格操纵的前景令人担忧。合谋对卖家来说是很好的——如果大家都合作制定高价，那么利润就会提高，但对消费者来说却很糟糕。即使不是有意为之，卖家也有可能利用人工智能来做一些明面上违法的事情。[9]这只是第 7 章中提出的盲目相信算法现象的另一面。人类将不得不确保他们的人工智能不会被坏人欺骗，或者自己不小心成为坏人。

人工智能来应对这个问题

是否能达到人类水平的表现是检验很多机器学习算法的试金石。毕竟，它们的任务在大部分时间里都是模仿人类做事的案例：给图片贴标签，过滤邮件，给豚鼠命名。而在它们的性能或多或少达到人类水平的情况下，它们可以（在人类的监督下）代替人类完成重复性或无聊的任务。我们在前面的章节中已经看到，一些新闻机构正在使用机器学习算法来自动创建关于本地体育或房地产的无聊但可以接受的文章。一个名为Quicksilver的项目可以自动创建关于女性科学家（女性科学家在维基百科上没有被充分代表）的维基百科文章草稿，节省了志愿者编辑的时间。需要撰写音频记录或翻译文本的人使用（诚然有许多错误的）机器学习生成的版本作为自己翻译的起点。音乐家可以采用音乐生成算法，用它们拼凑出一段原创音乐，使之完全符合商业档口的要求——音乐不一定要出类拔萃，只要价格便宜就可以了。在很多情况下，人类的角色是一个编辑。

而有些工作最好不要使用人类。人们如果认为自己是在和机器人而不是人类交谈，就更有可能敞开心扉地谈论自己的情绪或披露潜在的侮辱性信息。[10, 11]（另一方面，医疗保健聊天机器人可能会漏掉严重的健康事宜。[12]）还有机器人则接受过训练，可以通过观察令人不安的图像来寻找并标记潜在的犯罪事件（尽管它们往往会将沙漠场景误认为是人肉）。[13]即使是犯罪本身，机器人也可能比人类更容易实施。2016年，哈佛大学的学生瑟琳娜·布斯（Serena Booth）制造了一个机器人，旨在测试一些关于人类是否过于信任机器人的理论。[14]

布斯制造了一个简单的遥控机器人，并让它开到学生面前，要求进入一个需要钥匙卡进出的宿舍。在这种情况下，只有19%的人让它进入宿舍（有趣的是，当学生成群结队时，这个数字要更高一些）。但是，如果同一个机器人说是送饼干，就有76%的人让它进去了。

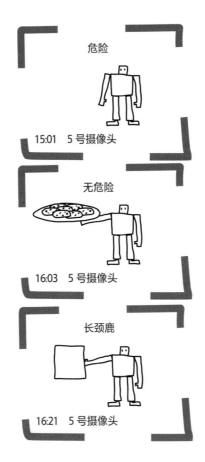

正如我在上面提到的，一些人工智能也可能因为盲目信算法而变得擅长犯罪。一个人工智能的决定可能基于几个变量之间的复

杂关系，其中一些可能代表了它不应该拥有的信息，比如性别或种族。这就增加了一层模糊性，可能——有意无意地——让它逃脱了违法的命运。

任务：犯罪
玩弄数据，看看结果如何

在很多情况下，人工智能也有很多可取之处，因为它的表现比人类好。其一，它的速度通常比人类快得多。在一些多人电脑游戏中，当人工智能与人类对战时，人工智能必须放慢速度，以给人类一个抵抗的机会。人工智能也比较稳定，如果是处理意外情况的话，那这就成了可怕的缺点。人工智能也可以更公平吗？有可能。至少，一个人工智能驱动的系统，可以通过运行大量的测试决策来测试其公平性，消除不应该存在的统计相关性。通过仔细调整训练数据，使其统计数据与它应该存在的、公平的理想世界相匹配，而不是让它与存在各种偏见的现实世界相匹配，在许多案例中，是有可能训练出一个公平决策的人工智能的——至少，比普通人类的决策公平得多。

算法的创造力？

未来的音乐、电影和小说会由人工智能创作吗？也许至少可以部分做到。

　　人工智能生成的艺术可以是惊人的、怪异的、令人不安的：无限变形的郁金香；面孔半融化的、闪闪发光的人类；布满幻想出的狗的天空。霸王龙可能会变成鲜花或水果；蒙娜丽莎可能会露出傻乎乎的笑容；即兴钢琴演奏可能会变成电吉他独奏。人工智能生成的文字可能会呈现出超现实主义行为艺术的特质。

　　当提示有文字"我最喜欢的 10 种动物是：1."时，神经网络 GPT-2 补充了这个列表。

　　我最喜欢的 10 种动物是：

　　1. 背上有白色疤痕的斑马；

　　2. 阴险的蜘蛛和章鱼；

　　3. 长着大叶子的青蛙，最好是黑色的；

　　4. 有鳞片的鸡尾鹦鹉；

　　5 翅膀挂在脸上约 4 英寸的刀嘴海雀，以及青蛙身上的心形文身。

　　和人工智能解决问题一样，人工智能的创造力可能最适合用"人工智能辅助"来形容。

　　生成式对抗网络要想产出一幅画，首先需要一个数据集，这个数据集应该包含什么则由人类选择。当艺术家给算法提供自己的画作或者自己的摄影作品来学习时，就会出现一些最有趣的生成式对抗网络的结果。例如，艺术家安娜·里德勒（Anna Ridler）花了一个春天拍摄了 10 000 张郁金香的照片，然后用这些照片训练一个生成式对抗网络，生成了一系列无尽的近乎照片逼真的郁金香，每一朵郁金香的花纹都与比特币的价格挂钩。既是艺术家又是软件工程师的海伦娜·萨林（Helena Sarin）用生成式对抗网络对自己的水彩画和素描进行了有趣的改造，将它们变形为立体派的或奇怪的纹理混合体。还有一些艺术家的灵感来自选择现有的数据集——比如公有区域中的文艺复兴时期肖像画或风景画——看看生成式对抗网络会如何利用它们。设计一个数据集也是一种艺术行为——增加更多的绘画风格，结果可能是一个混搭的创作或者毁掉一件艺术作品。将一个数据集精简成一个单一持续的角度、风格或高亮标识类型后，神经网络能够更易模仿它所看到的东西，以产生更真实的图像。从一个在大型数据集上训练的模型开始，然后使用迁移学习专注于一个较小但更专业的数据集上，从而拥有更多对结果进行微调的方法。

我要精简出一个包含100 000张长颈鹿图片的数据集！！！ 那将是有史以来最棒的数据集。

训练文本生成算法的人也可以通过调整其数据集来控制生成的结果。科幻小说家罗宾·斯隆（Robin Sloan）是少数几个尝试使用神经网络生成文本的作家之一，他以这种方式为自己的写作注入一些不可预知性。[15]他构建了一套自定义工具，基于对其他科幻故事、科学新闻文章，甚至是保护区新闻公告的了解，可以预测序列中的下一句话来回应他自己的句子。在接受《纽约时报》采访时，斯隆展示了他的工具，他在工具中输入了"野牛聚集在峡谷周围"的句子，程序的回答是"光秃秃的天空下"。这并不是一个完美的预测，因为从某种意义上来说，算法生成的句子有明显的偏差。但就斯隆的目的来说，它的怪异性令人愉快。他甚至拒绝了一个早期在20世纪五六十年代科幻小说上训练的模型，因为觉得它的句子太老套了。

和收集数据集一样，训练人工智能也是一种艺术行为。训练应该持续多长时间？一个训练尚未完成的人工智能有时会很有趣，会出现奇怪的故障或胡乱的拼写。如果人工智能出现"死机"，开始产生乱码文字或奇怪的视觉假象，比如倍增的网格或饱和的颜色（这个过程被称为模式坍塌），是否应该重新开始训练？还是说这个效果其实挺酷的？和其他应用一样，艺术家也要注意确保人工智能不会过度复制输入数据。就人工智能的认知来说，它的目标就是尽可能好地模仿数据集，所以如果需要的话，它就会抄袭。

最后，人类艺术家的工作是编辑人工智能的输出，并将其变成有价值的东西。生成式对抗网络和文本生成算法几乎可以创造出无限量的输出，而其中大部分都不是很有趣。有些甚至很糟糕——请记住，许多文本生成神经网络并不知道它们拼出的词是什么意思（我在说你，那个建议给猫咪取名叮当先生和呕吐者的神经网络）。当我训练神经网络生成文本时，只有极小的一部分——1/10或1%——的结果值得展示。我一直在编辑这些结果，以呈现一个故事或一些关于算法或数据集的有趣观点。

在某些案例中，编辑人工智能的输出可能是一个令人惊讶的过程。我在第4章中用BigGAN展示了图像生成的神经网络在太过多样的图像上训练时的寸步难行，但我没有谈及它最酷的一个特性：生成多类别混合的图像。

　　把"鸡"想象成空间中的一个点，把"狗"想象成空间中的另一个点。如果你在它们之间走最短的路径，你就会经过空间中介于两者之间的其他点，这些"鸡狗"都有羽毛、松软的耳朵和舌头。从"狗"开始，向"网球"方向移动，你会经过一个由绿色球体组成的模糊区域，这些球体有黑色的眼睛和松软的鼻子。这个巨大的多维度视觉景观的各种可能性构成了所谓的隐空间。而一旦可以进入BigGAN的隐空间，艺术家们便如鱼得水，开始纵情探索。他们很快就找到了有趣的坐标，那里有布满眼睛的大衣和布满触角的风衣，有两只眼睛都长在一边的棱角分明的"狗鸟"，有风景如画的霍比特人村落，有华丽的圆门，还有火烧蘑菇云和欢快的小狗脸。（事实证明，ImageNet数据库里有很多狗，所以BigGAN的隐空间里也有很多狗。）浏览隐空间的方法本身就成了具有艺术性的选择。我们应该沿直线还是曲线移动？我们是应该让自己的位置靠近原始出发点，还是让自己偏离到极端遥远的角落？每一个选择都会极大地影响我们看到的东西。ImageNet数据库本来相当实用主义风格的类别可以融合成非常怪异的组合。

　　这些艺术都是人工智能生成的吗？当然是。但人工智能能做创造性工作吗？完全不可能。那些声称他们的人工智能是艺术家的人，是在夸大人工智能的能力——同时贬低了他们自己以及设计算法的人的艺术贡献。

与我们的人工智能朋友一起生活

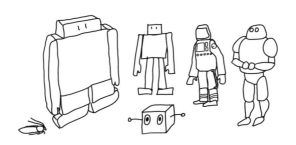

　　在以上篇幅中，我们已经看到了人工智能可以给我们带来惊喜的许多不同的方式。

　　如果有一个问题要解决，并且在如何解决这个问题上有足够的自由度，人工智能就能想出程序员做梦都想不到的解决方案。一个人工智能的任务是从一点走到另一点，它可能会决定把自己组装成一座塔，然后跌倒。它可能会决定通过绕着紧密的圆圈旋转或蹭着地板扭动的方式移动。如果我们在模拟环境中训练它，它可能会试图利用模拟环境的漏洞，想方设法利用物理学上的漏洞来获得超人的能力。它会按字面意思接受指令：当被告知要避免碰撞时，它会拒绝移动；当被告知要避免在电脑游戏中输掉时，它会找到暂停键，并永远停止游戏。它会发现隐藏在训练数据中的规律，甚至是程序员没有想到的规律。有些规律可能是我们不希望它模仿的，比如偏见。模块化的人工智能可能会级联起来，就像一部装满应用程序的手机，甚至像一群蜜蜂一样，合作完成任何一个人工智能都无法单独解决的任务。

虽然人工智能的能力越来越强大，它仍然不知道我们想要什么。它仍然会尝试做我们想要的事情。但是，在我们希望人工智能做的事情和我们告诉它做的事情之间，总会产生潜在的脱节。它是否会变得足够聪明，像另一个人类一样理解我们和我们的世界——甚至超越我们？也许在我们的有生之年不会。在可预见的未来，危险不在于人工智能太聪明，而是在于它不够聪明。

从表面上看，人工智能似乎会理解更多东西。它将能够生成逼真的场景，也许会用丰富的纹理绘制整个电影场景，也许会打败我们能扔给它的所有电脑游戏。但在这之下，一切都是模式匹配。它只知道自己看过的东西，而且只有看过的次数足够多才有意义。

我们的世界太过复杂，太难以预料，也太诡异了，以至于人工智能在训练的过程中不可能看到这一切。鸸鹋可能会逃出来，孩子们会开始穿着蟑螂的服装，人们会问起长颈鹿，即使图片上并没有任何长颈鹿存在。人工智能会误解我们，因为它缺乏背景知识，不知道我们真正想要它做什么。

要最大程度利用好人工智能，我们就必须了解它——了解如何选择合适的问题让它解决，如何预料到它的误解，以及如何防止它复制那些它在人类数据中发现的最糟糕的东西。我们有充分的理由对人工智能持乐观态度，也有充分的理由对其持谨慎态度。这一切都取决于我们是如何使用它们的。

对了，小心那些隐藏的长颈鹿。

致　谢

本书付梓离不开一群人共同的辛勤工作、创造性的洞见和慷慨解囊，我很高兴能在这里表达我的感谢。

非常感谢渴求图书的团队，是他们的辛勤工作让我洋洋洒洒、杂乱无章的文章变成了让我喜欢的文稿。芭芭拉·克拉克的文案编辑工作为这本书做出了不可估量的改进，特别是去掉了无数个"实际上"来使文本简洁了许多。特别感谢我的编辑尼基·格雷罗，有一天她突然给我发来邮件，说这是她第五次在她的开放式办公室里强忍住笑，问我有没有想过我的博客可能会变成一本书。如果没有尼基的鼓励和敏锐的洞察力，这本书所展现出的眼界和勇气就会大打折扣。

感谢我在弗莱彻公司的经纪人埃里克·卢普弗，感谢他对我充满快乐和鼓励的指导，我这个第一次写博客的人才走完了将博客变成一本书的那么多步骤。

　　我第一次听说机器学习是在2002年，埃里克·古德曼给密歇根州立大学的新生做了一场关于进化算法的精彩演讲。我想，那些关于算法找到模拟环境的漏洞和解决错误问题的逸事真的让我印象深刻！感谢你这么早就激发了我的兴趣——它让我获得了很多快乐。

　　感谢我的朋友和家人，在这个漫长的过程中，他们鼓励我，他们听我的演讲练习，被我的笑话逗乐，他们随时准备陪我演奏、登山或者做一些烹饪实验来帮我保持斗志。

　　最后，还要感谢我的博客aiweirdness.com的所有读者和追随者，他们已经把我的很多奇怪的人工智能实验变成了现实——编织图案、饼干、指甲油、歌舞剧表演、奇怪的生物、荒诞的猫名、啤酒名，甚至歌剧。看看我们现在的成果吧！愿长颈鹿永远与你同在。

注　释

序言

1. Caroline O'Donovan et al., "We Followed YouTube's Recommendation Algorithm Down the Rabbit Hole," *BuzzFeed News,* January 24, 2019, https://www.buzzfeednews.com/article/carolineodonovan/down-youtubes-recommendation-rabbithole.

第 1 章

1. Joel Lehman et al., "The Surprising Creativity of Digital Evolution: A Collection of Anecdotes from the Evolutionary Computation and Artificial Life Research Communities," ArXiv:1803.03453 [Cs], March 9, 2018, http://arxiv.org/abs/1803.03453.
2. Neel V. Patel, "Why Doctors Aren't Afraid of Better, More Efficient AI Diagnosing Cancer," *The Daily Beast,* December 11, 2017, https://www.thedailybeast.com/why-doctors-arent-afraid-of-better-more-efficient-ai-diagnosing-cancer.
3. Jeff Larson et al., "How We Analyzed the COMPAS Recidivism Algorithm," *ProPublica,* May 23, 2016, https://www.propublica.org/article/how-we-analyzed-the-compas-recidivism-algorithm.
4. Chris Williams, "AI Guru Ng: Fearing a Rise of Killer Robots Is Like Worrying about Overpopulation on Mars," *The Register,* March 19, 2015, https://www.theregister.co.uk/2015/03/19/andrew_ng_baidu_ai/.
5. Marianne Bertrand and Sendhil Mullainathan, "Are Emily and Greg More Employable Than Lakisha and Jamal? A Field Experiment on Labor Market Discrimination," *American Economic Review* 94, no. 4 (September 2004): 991–1013, https://doi.org/10.1257/0002828042002561.

第 2 章

1. Stephen Chen, "A Giant Farm in China Is Breeding 6 Billion Cockroaches a Year. Here's Why," *South China Morning Post,* April 19, 2018, https://www.scmp.com/news/china/society/article/2142316/giant-indoor-farm-china-breeding-six-billion-cockroaches-year.

2. Heliograf, "High School Football This Week: Einstein at Quince Orchard," *Washington Post,* October 13, 2017, https://www.washingtonpost.com/allmetsports/2017 -fall/games/football/87408/.

3. Li L'Estrade, "MittMedia Homeowners Bot Boosts Digital Subscriptions with Automated Articles," International News Media Association (INMA), June 18, 2018, https://www.inma.org/blogs/ideas/post.cfm/mittmedia-homeowners-bot-boosts -digital-subscriptions-with-automated-articles.

4. Jaclyn Peiser, "The Rise of the Robot Reporter," *New York Times,* February 5, 2019, https://www.nytimes.com/2019/02/05/business/media/artificial-intelligence -journalism-robots.html.

5. Christopher J. Shallue and Andrew Vanderburg, "Identifying Exoplanets with Deep Learning: A Five Planet Resonant Chain around Kepler-80 and an Eighth Planet around Kepler-90," *The Astronomical Journal* 155, no. 2 (January 30, 2018): 94, https://doi.org/10.3847/1538-3881/aa9e09.

6. R. Benton Metcalf et al., "The Strong Gravitational Lens Finding Challenge," *Astronomy & Astrophysics* 625 (May 2019): A119, https://doi.org/10.1051/0004-6361/ 201832797.

7. Avi Bagla, "#StarringJohnCho Level 2: Using DeepFakes for Representation," YouTube video, posted April 9, 2018, https://www.youtube.com/watch?v=hlZkATlqDSM& feature=youtu.be.

8. Tom Simonite, "Facebook Built the Perfect Chatbot but Can't Give It to You Yet," *MIT Technology Review,* April 14, 2017, https://www.technologyreview.com/s/604117/ facebooks-perfect-impossible-chatbot/.

9. Ibid.

10. Casey Newton, "Facebook Is Shutting Down M, Its Personal Assistant Service That Combined Humans and AI," *The Verge,* January 8, 2018, https://www.theverge .com/2018/1/8/16856654/facebook-m-shutdown-bots-ai.

11. Andrew J. Hawkins, "Inside Waymo's Strategy to Grow the Best Brains for Self-Driving Cars," *The Verge,* May 9, 2018, https://www.theverge.com/2018/5/9/17307156/google -waymo-driverless-cars-deep-learning-neural-net-interview.

12. "OpenAI Five," OpenAI, accessed August 3, 2019, https://openai.com/five/.

13. Katyanna Quatch, "OpenAI Bots Smashed in Their First Clash against Human Dota 2 Pros," *The Register,* August 23, 2018, https://www.theregister.co.uk/2018/08/23/ openai_bots_defeated/.

14. Tom Murphy (@tom7), Twitter, August 23, 2018, https://twitter.com/tom7/status/ 1032756005107580929.

15. Mike Cook (@mtrc), Twitter, August 23, 2018, https://twitter.com/mtrc/status/ 1032783369254432773.

16. Tom Murphy, "The First Level of Super Mario Bros. Is Easy with Lexicographic Orderings and Time Travel…After That It Gets a Little Tricky" (research paper, Carnegie Melon University), April 1, 2013, http://www.cs.cmu.edu/~tom7/mario/mario.pdf.

17. Benjamin Solnik et al., "Bayesian Optimization for a Better Dessert" (paper presented at the 2017 NIPS Workshop on Bayesian Optimization, Long Beach, CA, December 9, 2017), https://bayesopt.github.io/papers/2017/37.pdf.

18. Sarah Kimmorley, "We Tasted the 'Perfect' Cookie Google Took 2 Months and 59 Batches to Create—and It Was Terrible," *Business Insider Australia*, May 31, 2018, https://www.businessinsider.com.au/google-smart-cookie-ai-recipe-2018-5.

19. Andrew Krok, "Waymo's Self-Driving Cars Are Far from Perfect, Report Says," *Roadshow*, August 28, 2018, https://www.cnet.com/roadshow/news/waymo-alleged-tech-troubles-report/.

20. C. Lv et al., "Analysis of Autopilot Disengagements Occurring during Autonomous Vehicle Testing," *IEEE/CAA Journal of Automatica Sinica* 5, no. 1 (January 2018): 58–68, https://doi.org/10.1109/JAS.2017.7510745.

21. Andrew Krok, "Uber Self-Driving Car Saw Pedestrian 6 Seconds before Crash, NTSB Says," *Roadshow*, May 24, 2018, https://www.cnet.com/roadshow/news/uber-self-driving-car-ntsb-preliminary-report/.

22. Fred Lambert, "Tesla Elaborates on Autopilot's Automatic Emergency Braking Capacity over Mobileye's System," *Electrek* (blog), July 2, 2016, https://electrek.co/2016/07/02/tesla-autopilot-mobileye-automatic-emergency-braking/.

23. Naaman Zhou, "Volvo Admits Its Self-Driving Cars Are Confused by Kangaroos," *The Guardian*, July 1, 2017, https://www.theguardian.com/technology/2017/jul/01/volvo-admits-its-self-driving-cars-are-confused-by-kangaroos.

第 3 章

1. Ian Goodfellow, Yoshua Bengio, and Aaron Courville, *Deep Learning* (Cambridge, Massachusetts: The MIT Press, 2016).

2. Sean McGregor et al., "FlareNet: A Deep Learning Framework for Solar Phenomena Prediction" (paper presented at the 31st Conference on Neural Information Processing Systems, Long Beach, CA, December 8, 2017), https://dl4physicalsciences.github.io/files/nips_dlps_2017_5.pdf.

3. Alec Radford, Rafal Jozefowicz, and Ilya Sutskever, "Learning to Generate Reviews and Discovering Sentiment," ArXiv:1704.01444 [Cs], April 5, 2017, http://arxiv.org/abs/1704.01444.

4. Andrej Karpathy, "The Unreasonable Effectiveness of Recurrent Neural Networks," Andrej Karpathy Blog, May 21, 2015, http://karpathy.github.io/2015/05/21/rnn-effectiveness/.

5. Chris Olah et al., "The Building Blocks of Interpretability," *Distill* 3, no. 3 (March 6, 2018): e10, https://doi.org/10.23915/distill.00010.

6. David Bau et al., "GAN Dissection: Visualizing and Understanding Generative Adversarial Networks" (paper presented at the International Conference on Learning Representations, May 6–9, 2019), https://gandissect.csail.mit.edu/.

7. "Botnik Apps," Botnik, accessed August 3, 2019, ttp://botnik.org/apps.

8. Paris Martineau, "Why Google Docs Is Gaslighting Everyone about Spelling: An Investigation," *The Outline*, May 7, 2018, https://theoutline.com/post/4437/why-google-docs-thinks-real-words-are-misspelled.

9. Shaokang Zhang et al., "Zoonotic Source Attribution of *Salmonella enterica* Serotype Typhimurium Using Genomic Surveillance Data, United States," *Emerging Infectious Diseases* 25, no. 1 (2019): 82–91, https://doi.org/10.3201/eid2501.180835.

10. Ian J. Goodfellow et al., "Generative Adversarial Networks," ArXiv:1406.2661 [Cs, Stat], June 10, 2014, http://arxiv.org/abs/1406.2661.

11. Ahmed Elgammal et al., "CAN: Creative Adversarial Networks, Generating 'Art' by Learning About Styles and Deviating from Style Norms," ArXiv:1706.07068 [Cs], June 21, 2017, http://arxiv.org/abs/1706.07068.

12. Beckett Mufson, "This Artist Is Teaching Neural Networks to Make Abstract Art," *Vice*, May 22, 2016, https://www.vice.com/en_us/article/yp59mg/neural-network-abstract-machine-paintings.

13. David Ha and Jürgen Schmidhuber, "World Models," Zenodo, March 28, 2018, https://doi.org/10.5281/zenodo.1207631.

第 4 章

1. Tero Karras, Samuli Laine, and Timo Aila, "A Style-Based Generator Architecture for Generative Adversarial Networks," ArXiv:1812.04948 [Cs, Stat], December 12, 2018, http://arxiv.org/abs/1812.04948.

2. Emily Dreyfuss, "A Bot Panic Hits Amazon Mechanical Turk," *Wired*, August 17, 2018, https://www.wired.com/story/amazon-mechanical-turk-bot-panic/.

3. "COCO Dataset," COCO: Common Objects in Context, http://cocodataset.org/#download. Images used during training were 2014 training + 2014 val, for a total of 124k images. Each dialog had 10 questions. https://visualdialog.org/data says 364m dialogs in the training set, so each image was encountered 364/1.24 = 293.5 times.

4. Hawkins, "Inside Waymo's Strategy."

5. Tero Karras et al., "Progressive Growing of GANs for Improved Quality, Stability, and Variation," ArXiv:1710.10196 [Cs, Stat], October 27, 2017, http://arxiv.org/abs/1710.10196.

6. Karras, Laine, and Aila, "A Style-Based Generator Architecture."

7. Melissa Eliott (0xabad1dea), "How Math Can Be Racist: Giraffing," Tumblr, January 31, 2019, https://abad1dea.tumblr.com/post/182455506350/how-math-can-be-racist-giraffing.

8. Corinne Purtill and Zoë Schlanger, "Wikipedia Rejected an Entry on a Nobel Prize Winner Because She Wasn't Famous Enough," *Quartz*, October 2, 2018, https://qz.com/1410909/wikipedia-had-rejected-nobel-prize-winner-donna-strickland-because-she-wasnt-famous-enough/.

9. Jon Christian, "Why Is Google Translate Spitting Out Sinister Religious Prophecies?" *Vice*, July 20, 2018, https://www.vice.com/en_us/article/j5npeg/why-is-google-translate-spitting-out-sinister-religious-prophecies.

10. Nicholas Carlini et al., "The Secret Sharer: Evaluating and Testing Unintended Memorization in Neural Networks," ArXiv:1802.08232 [Cs], February 22, 2018, http://arxiv.org/abs/1802.08232.

11. Jonas Jongejan et al., "Quick, Draw! The Data" (dataset for online game Quick, Draw!), accessed August 3, 2019, https://quickdraw.withgoogle.com/data.

12. Jon Englesman (@engelsjk), Google AI Quickdraw Visualizer (web demo), Github, accessed August 3, 2019, https://engelsjk.github.io/web-demo-quickdraw-visualizer/.

13. Gretchen McCulloch, "Autocomplete Presents the Best Version of You," *Wired*, February 11, 2019, https://www.wired.com/story/autocomplete-presents-the-best-version-of-you/.

14. Abhishek Das et al., "Visual Dialog," ArXiv:1611.08669 [Cs], November 26, 2016, http://arxiv.org/abs/1611.08669.

第 5 章

1. @citizen_of_now, Twitter, March 15, 2018, https://twitter.com/citizen_of_now/status/974344339815129089.

2. Doug Blank (@DougBlank), Twitter, April 13, 2018, https://twitter.com/DougBlank/status/984811881050329099.

3. @Smingleigh, Twitter, November 7, 2018, https://twitter.com/Smingleigh/status/1060325665671692288.

4. Christine Barron, "Pass the Butter // Pancake Bot," Unity Connect, January 2018, https://connect.unity.com/p/pancake-bot.

5. Alex Irpan, "Deep Reinforcement Learning Doesn't Work Yet," Sorta Insightful (blog), February 14, 2018, https://www.alexirpan.com/2018/02/14/rl-hard.html.

6. Sterling Crispin (@sterlingcrispin), Twitter, April 16, 2018, https://twitter.com/sterlingcrispin/status/985967636302327808.

7. Sara Chodosh, "The Problem with Cancer-Sniffing Dogs," October 4, 2016, *Popular Science*, https://www.popsci.com/problem-with-cancer-sniffing-dogs/.

8. Wikipedia, s.v. "Anti-Tank Dog," last updated June 29, 2019, https://en.wikipedia.org/w/index.php?title=Anti-tank_dog&oldid=904053260.

9. Anuschka de Rohan, "Why Dolphins Are Deep Thinkers," *The Guardian*, July 3, 2003, https://www.theguardian.com/science/2003/jul/03/research.science.

10. Sandeep Jauhar, "When Doctor's Slam the Door," *New York Times Magazine*, March 16, 2003, https://www.nytimes.com/2003/03/16/magazine/when-doctor-s-slam-the-door.html.

11. Joel Rubin (@joelrubin), Twitter, December 6, 2017, https://twitter.com/joelrubin/status/938574971852304384.

12. Joel Simon, "Evolving Floorplans," joelsimon.net, accessed August 3, 2019, http://www.joelsimon.net/evo_floorplans.html.

13. Murphy, "First Level of Super Mario Bros."

14. Tom Murphy (suckerpinch), "Computer Program that Learns to Play Classic NES Games," YouTube video, posted April 1, 2013, https://www.youtube.com/watch?v=xOCurBYI_gY.

15. Murphy, "First Level of Super Mario Bros."

16. Jack Clark and Dario Amodei, "Faulty Reward Functions in the Wild," OpenAI, December 22, 2016, https://openai.com/blog/faulty-reward-functions/.

17. Bitmob, "Dimming the Radiant AI in Oblivion," *VentureBeat* (blog), December 17, 2010, https://venturebeat.com/2010/12/17/dimming-the-radiant-ai-in-oblivion/.

18. cliffracer333, "So what happened to Oblivion's npc 'goal' system that they used in the beta of the game. Is there a mod or a way to enable it again?" Reddit thread, June 10, 2016, https://www.reddit.com/r/oblivion/comments/4nimvh/so_what_happened_to_oblivions_npc_goal_system/.

19. Sindya N. Bhanoo, "A Desert Spider with Astonishing Moves," *New York Times*, May 4, 2014, https://www.nytimes.com/2014/05/06/science/a-desert-spider-with-astonishing-moves.html.

20. Lehman et al., "The Surprising Creativity of Digital Evolution."

21. Jette Randløv and Preben Alstrøm, "Learning to Drive a Bicycle Using Reinforcement Learning and Shaping," *Proceedings of the Fifteenth International Conference on Machine Learning, ICML '98* (San Francisco, CA: Morgan Kaufmann Publishers Inc., 1998), 463–471, http://dl.acm.org/citation.cfm?id=645527.757766.

22. Yuval Tassa et al., "DeepMind Control Suite," ArXiv:1801.00690 [Cs], January 2, 2018, http://arxiv.org/abs/1801.00690.

23. Benjamin Recht, "Clues for Which I Search and Choose," arg min blog, March 20, 2018, http://benjamin-recht.github.io/2018/03/20/mujocoloco/.

24. @citizen_of_now, Twitter, March 15, 2018, https://twitter.com/citizen_of_now/status/974344339815129089.

25. Westley Weimer, "Advances in Automated Program Repair and a Call to Arms," *Search Based Software Engineering*, ed. Günther Ruhe and Yuanyuan Zhang (Berlin and Heidelberg: Springer, 2013), 1–3.

26. Lehman et al., "The Surprising Creativity of Digital Evolution."

27. Yuri Burda et al., "Large-Scale Study of Curiosity-Driven Learning," ArXiv:1808.04355 [Cs, Stat], August 13, 2018, http://arxiv.org/abs/1808.04355.

28. A. Baranes and P.-Y. Oudeyer, "R-IAC: Robust Intrinsically Motivated Exploration and Active Learning," *IEEE Transactions on Autonomous Mental Development* 1, no. 3 (October 2009): 155–69, https://doi.org/10.1109/TAMD.2009.2037513.

29. Devin Coldewey, "This Clever AI Hid Data from Its Creators to Cheat at Its Appointed Task," *TechCrunch*, December 31, 2018, http://social.techcrunch.com/2018/12/31/this-clever-ai-hid-data-from-its-creators-to-cheat-at-its-appointed-task/.

30. "YouTube Now: Why We Focus on Watch Time," YouTube Creator Blog, August 10, 2012, https://youtube-creators.googleblog.com/2012/08/youtube-now-why-we-focus-on-watch-time.html.

31. Guillaume Chaslot (@gchaslot), Twitter, February 9, 2019, https://twitter.com/gchaslot/status/1094359568052817920?s=21.

32. "Continuing Our Work to Improve Recommendations on YouTube," Official YouTube Blog, January 25, 2019, https://youtube.googleblog.com/2019/01/continuing-our-work-to-improve.html.

第 6 章

1. Doug Blank (@DougBlank), Twitter, March 15, 2018, https://twitter.com/DougBlank/status/974244645214588930.

2. Nick Stenning (@nickstenning), Twitter, April 9, 2018, https://twitter.com/DougBlank/status/974244645214588930

3. Christian Gagné et al., "Human-Competitive Lens System Design with Evolution Strategies," *Applied Soft Computing* 8, no. 4 (September 1, 2008): 1439–52, https://doi.org/10.1016/j.asoc.2007.10.018.

4. Lehman et al., "The Surprising Creativity of Digital Evolution."

5. Karl Sims, "Evolving 3D Morphology and Behavior by Competition," *Artificial Life* 1, no. 4 (July 1, 1994): 353–72, https://doi.org/10.1162/artl.1994.1.4.353.

6. Karl Sims, "Evolving Virtual Creatures," *Proceedings of the 21st Annual Conference on Computer Graphics and Interactive Techniques, SIGGRAPH '94* (New York: ACM, 1994), 15–22, https://doi.org/10.1145/192161.192167.

7. Lehman et al., "The Surprising Creativity of Digital Evolution."

8. David Clements (@davecl42), Twitter, March 18, 2018, https://twitter.com/davecl42/status/975406071182479361.

9. Nick Cheney et al., "Unshackling Evolution: Evolving Soft Robots with Multiple Materials and a Powerful Generative Encoding," *ACM SIGEVOlution 7*, no. 1 (August 2014): 11–23, https://doi.org/10.1145/2661735.2661737.

10. John Timmer, "Meet Wolbachia: The Male-Killing, Gender-Bending, Gonad-Eating Bacteria," *Ars Technica*, October 24, 2011, https://arstechnica.com/science/news/2011/10/meet-wolbachia-the-male-killing-gender-bending-gonad-chomping-bacteria.ars.

11. @forgek_, Twitter, October 10, 2018, https://twitter.com/forgek_/status/1050045261563813888.

12. R. Feldt, "Generating Diverse Software Versions with Genetic Programming: An Experimental Study," *IEE Proceedings — Software* 145, no. 6 (December 1998): 228–36, https://doi.org/10.1049/ip-sen:19982444.

13. George Johnson, "Eurisko, the Computer With a Mind of Its Own," Alicia Patterson Foundation," updated April 6, 2011, https://aliciapatterson.org/stories/eurisko-computer-mind-its-own.

14. Eric Schulte, Stephanie Forrest, and Westley Weimer, "Automated Program Repair through the Evolution of Assembly Code," *Proceedings of the IEEE/ACM International Conference on Automated Software Engineering, ASE '10* (New York, NY: ACM, 2010), 313–316, https://doi.org/10.1145/1858996.1859059.

第 7 章

1. Marco Tulio Ribeiro, Sameer Singh, and Carlos Guestrin, "'Why Should I Trust You?': Explaining the Predictions of Any Classifier," ArXiv:1602.04938 [Cs, Stat], February 16, 2016, http://arxiv.org/abs/1602.04938.

2. Luke Oakden-Rayner, "Exploring the ChestXray14 Dataset: Problems," Luke Oakden-Rayner (blog), December 18, 2017, https://lukeoakdenrayner.wordpress.com/2017/12/18/the-chestxray14-dataset-problems/.

3. David M. Lazer et al., "The Parable of Google Flu: Traps in Big Data Analysis," *Science* 343, no. 6176 (March 14, 2014): 1203–5, https://doi.org/10.1126/science.1248506.

4. Gidi Shperber, "What I've Learned from Kaggle's Fisheries Competition," *Medium*, May 1, 2017, https://medium.com/@gidishperber/what-ive-learned-from-kaggle-s-fisheries-competition-92342f9ca779.

5. J. Bird and P. Layzell, "The Evolved Radio and Its Implications for Modelling the Evolution of Novel Sensors," *Proceedings of the 2002 Congress on Evolutionary Computation, CEC'02 (Cat. No.02TH8600)* vol. 2 (2002 World Congress on Computational Intelligence — WCCI'02, Honolulu, HI, USA: IEEE, 2002): 1836–41, https://doi.org/10.1109/CEC.2002.1004522.

6. Hannah Fry, *Hello World: Being Human in the Age of Algorithms* (New York: W. W. Norton & Company, 2018).

7. Lo Bénichou, "The Web's Most Toxic Trolls Live in…Vermont?," *Wired*, August 22, 2017, https://www.wired.com/2017/08/internet-troll-map/.

8. Violet Blue, "Google's Comment-Ranking System Will Be a Hit with the Alt-Right," *Engadget*, September 1, 2017, https://www.engadget.com/2017/09/01/google-perspective -comment-ranking-system/.

9. Jessamyn West (@jessamyn), Twitter, August 24, 2017, https://twitter.com/jessamyn/ status/900867154412699649.

10. Robyn Speer, "ConceptNet Numberbatch 17.04: Better, Less-Stereotyped Word Vectors," ConceptNet blog, April 24, 2017, http://blog.conceptnet.io/posts/2017/ conceptnet-numberbatch-17-04-better-less-stereotyped-word-vectors/.

11. Aylin Caliskan, Joanna J. Bryson, and Arvind Narayanan, "Semantics Derived Automatically from Language Corpora Contain Human-like Biases," *Science* 356, no. 6334 (April 14, 2017): 183–86, https://doi.org/10.1126/science.aal4230.

12. Anthony G. Greenwald, Debbie E. McGhee, and Jordan L. K. Schwartz, "Measuring Individual Differences in Implicit Cognition: The Implicit Association Test," *Journal of Personality and Social Psychology* 74 (June 1998): 1464–80.

13. Brian A. Nosek, Mahzarin R. Banaji, and Anthony G. Greenwald, "Math = Male, Me = Female, Therefore Math Not = Me," *Journal of Personality and Social Psychology* 83, no. 1 (July 2002): 44–59.

14. Speer, "ConceptNet Numberbatch 17.04."

15. Larson et al., "How We Analyzed the COMPAS."

16. Jeff Larson and Julia Angwin, "Bias in Criminal Risk Scores Is Mathematically Inevitable, Researchers Say," *ProPublica*, December 30, 2016, https://www.propublica.org/ article/bias-in-criminal-risk-scores-is-mathematically-inevitable-researchers-say.

17. James Regalbuto, "Insurance Circular Letter No. 1 (2019)," New York State Department of Financial Services, January 18, 2019, https://www.dfs.ny.gov/industry_guidance/ circular_letters/cl2019_01.

18. Jeffrey Dastin, "Amazon Scraps Secret AI Recruiting Tool That Showed Bias against Women," Reuters, October 10, 2018, https://www.reuters.com/article/us-amazon-com -jobs-automation-insight-idUSKCN1MK08G.

19. James Vincent, "Amazon Reportedly Scraps Internal AI Recruiting Tool That Was Biased against Women," *The Verge*, October 10, 2018, https://www.theverge.com/ 2018/10/10/17958784/ai-recruiting-tool-bias-amazon-report.

20. Paola Cecchi-Dimeglio, "How Gender Bias Corrupts Performance Reviews, and What to Do About It," *Harvard Business Review*, April 12, 2017, https://hbr.org/2017/04/ how-gender-bias-corrupts-performance-reviews-and-what-to-do-about-it.

21. Dave Gershgorn, "Companies Are on the Hook If Their Hiring Algorithms Are Biased," *Quartz*, October 22, 2018, https://qz.com/1427621/companies-are-on-the-hook-if -their-hiring-algorithms-are-biased/.

22. Karen Hao, "Police across the US Are Training Crime-Predicting AIs on Falsified Data," *MIT Technology Review*, February 13, 2019, https://www.technologyreview.com/s/612957/predictive-policing-algorithms-ai-crime-dirty-data/.

23. Steve Lohr, "Facial Recognition Is Accurate, If You're a White Guy," *New York Times*, February 9, 2018, https://www.nytimes.com/2018/02/09/technology/facial-recognition-race-artificial-intelligence.html.

24. Julia Carpenter, "Google's Algorithm Shows Prestigious Job Ads to Men, but Not to Women. Here's Why That Should Worry You," *Washington Post*, July 6, 2015, https://www.washingtonpost.com/news/the-intersect/wp/2015/07/06/googles-algorithm-shows-prestigious-job-ads-to-men-but-not-to-women-heres-why-that-should-worry-you/.

25. Mark Wilson, "This Breakthrough Tool Detects Racism and Sexism in Software," *Fast Company*, August 22, 2017, https://www.fastcompany.com/90137322/is-your-software-secretly-racist-this-new-tool-can-tell.

26. ORCAA, accessed August 3, 2019, http://www.oneilrisk.com.

27. Faisal Kamiran and Toon Calders, "Data Preprocessing Techniques for Classification without Discrimination," *Knowledge and Information Systems* 33, no. 1 (October 1, 2012): 1–33, https://doi.org/10.1007/s10115-011-0463-8.

第 8 章

1. Ha and Schmidhuber, "World Models."

2. Anthony J. Bell and Terrence J. Sejnowski, "The 'Independent Components' of Natural Scenes Are Edge Filters," *Vision Research* 37, no. 23 (December 1, 1997): 3327–38, https://doi.org/10.1016/S0042-6989(97)00121-1.

3. Andrea Banino et al., "Vector-Based Navigation Using Grid-Like Representations in Artificial Agents," *Nature* 557, no. 7705 (May 2018): 429–33, https://doi.org/10.1038/s41586-018-0102-6.

4. Bau et al., "GAN Dissection."

5. Larry S. Yaeger, "Computational Genetics, Physiology, Metabolism, Neural Systems, Learning, Vision, and Behavior or PolyWorld: Life in a New Context," *Santa Fe Institute Studies in the Sciences of Complexity*, vol. 17 (Los Alamos, NM: Addison-Wesley Publishing Company, 1994), 262–63.

6. Baba Narumi et al., "Trophic Eggs Compensate for Poor Offspring Feeding Capacity in a Subsocial Burrower Bug," *Biology Letters* 7, no. 2 (April 23, 2011): 194–96, https://doi.org/10.1098/rsbl.2010.0707.

7. Robert M. French, "Catastrophic Forgetting in Connectionist Networks," *Trends in Cognitive Sciences* 3, no. 4 (April 1999): 128–35.

8. Jieyu Zhao et al., "Men Also Like Shopping: Reducing Gender Bias Amplification Using Corpus-Level Constraints," ArXiv:1707.09457 [Cs, Stat], July 28, 2017, http://arxiv.org/abs/1707.09457.

9. Danny Karmon, Daniel Zoran, and Yoav Goldberg, "LaVAN: Localized and Visible Adversarial Noise," ArXiv:1801.02608 [Cs], January 8, 2018, http://arxiv.org/abs/1801.02608.

10. Andrew Ilyas et al., "Black-Box Adversarial Attacks with Limited Queries and Information," ArXiv:1804.08598 [Cs, Stat], April 23, 2018, http://arxiv.org/abs/1804.08598.

11. Battista Biggio et al., "Poisoning Behavioral Malware Clustering," ArXiv:1811.09985 [Cs, Stat], November 25, 2018, http://arxiv.org/abs/1811.09985.

12. Tom White, "Synthetic Abstractions," *Medium,* August 23, 2018, https://medium.com/@tom_25234/synthetic-abstractions-8f0e8f69f390.

13. Samuel G. Finlayson et al., "Adversarial Attacks Against Medical Deep Learning Systems," ArXiv:1804.05296 [Cs, Stat], April 14, 2018, http://arxiv.org/abs/1804.05296.

14. Philip Bontrager et al., "DeepMasterPrints: Generating MasterPrints for Dictionary Attacks via Latent Variable Evolution," ArXiv:1705.07386 [Cs], May 20, 2017, http://arxiv.org/abs/1705.07386.

15. Stephen Buranyi, "How to Persuade a Robot That You Should Get the Job," *The Observer,* March 4, 2018, https://www.theguardian.com/technology/2018/mar/04/robots-screen-candidates-for-jobs-artificial-intelligence.

16. Lauren Johnson, "4 Deceptive Mobile Ad Tricks and What Marketers Can Learn From Them," *Adweek,* February 16, 2018, https://www.adweek.com/digital/4-deceptive-mobile-ad-tricks-and-what-marketers-can-learn-from-them/.

17. Wieland Brendel and Matthias Bethge, "Approximating CNNs with Bag-of-Local-Features Models Works Surprisingly Well on ImageNet," ArXiv:1904.00760 [Cs, Stat], March 20, 2019, http://arxiv.org/abs/1904.00760.

第 9 章

1. @yoco68, Twitter, July 12, 2018, https://twitter.com/yoco68/status/1017404857190268928.

2. Parmy Olson, "Nearly Half of All 'AI Startups' Are Cashing in on Hype," *Forbes,* March 4, 2019, https://www.forbes.com/sites/parmyolson/2019/03/04/nearly-half-of-all-ai-startups-are-cashing-in-on-hype/#5b1c4a66d022.

3. Carolyn Said, "Kiwibots Win Fans at UC Berkeley as They Deliver Fast Food at Slow Speeds," *San Francisco Chronicle,* May 26, 2019, https://www.sfchronicle.com/business/article/Kiwibots-win-fans-at-UC-Berkeley-as-they-deliver-13895867.php.

4. Olivia Solon, "The Rise of 'Pseudo-AI': How Tech Firms Quietly Use Humans to Do Bots' Work," *The Guardian,* July 6, 2018, https://www.theguardian.com/technology/2018/jul/06/artificial-intelligence-ai-humans-bots-tech-companies.

5. Ellen Huet, "The Humans Hiding Behind the Chatbots," *Bloomberg.com*, April 18, 2016, https://www.bloomberg.com/news/articles/2016-04-18/the-humans-hiding-behind-the-chatbots.

6. Richard Wray, "SpinVox Answers BBC Allegations over Use of Humans Rather than Machines," *The Guardian,* July 23, 2009, https://www.theguardian.com/business/2009/jul/23/spinvox-answer-back.

7. Becky Lehr (@Breakaribecca), Twitter, July 7, 2018, https://twitter.com/Breakaribecca/status/1015787072102289408.

8. Paul Mozur, "Inside China's Dystopian Dreams: A.I., Shame and Lots of Cameras," *New York Times*, July 8, 2018, https://www.nytimes.com/2018/07/08/business/china-surveillance-technology.html.

9. Aaron Mamiit, "Facebook AI Invents Language That Humans Can't Understand: System Shut Down Before It Evolves Into Skynet," *Tech Times,* July 30, 2017, http://www.techtimes.com/articles/212124/20170730/facebook-ai-invents-language-that-humans-cant-understand-system-shut-down-before-it-evolves-into-skynet.htm.

10. Kyle Wiggers, "Babysitter Screening App Predictim Uses AI to Sniff out Bullies," *VentureBeat* (blog), October 4, 2018, https://venturebeat.com/2018/10/04/babysitter-screening-app-predictim-uses-ai-to-sniff-out-bullies/.

11. Chelsea Gohd, "Here's What Sophia, the First Robot Citizen, Thinks About Gender and Consciousness," *Live Science*, July 11, 2018, https://www.livescience.com/63023-sophia-robot-citizen-talks-gender.html.

12. C. D. Martin, "ENIAC: Press Conference That Shook the World," *IEEE Technology and Society Magazine* 14, no. 4 (Winter 1995): 3–10, https://doi.org/10.1109/44.476631.

13. Alexandra Petri, "A Bot Named 'Eugene Goostman' Passes the Turing Test…Kind Of," *Washington Post,* June 9, 2014, https://www.washingtonpost.com/blogs/compost/wp/2014/06/09/a-bot-named-eugene-goostman-passes-the-turing-test-kind-of/.

14. Brian Merchant, "Predictim Claims Its AI Can Flag 'Risky' Babysitters. So I Tried It on the People Who Watch My Kids," *Gizmodo,* December 6, 2018, https://gizmodo.com/predictim-claims-its-ai-can-flag-risky-babysitters-so-1830913997.

15. Drew Harwell, "AI Start-up That Scanned Babysitters Halts Launch Following Post Report," *Washington Post,* December 14, 2018, https://www.washingtonpost.com/technology/2018/12/14/ai-start-up-that-scanned-babysitters-halts-launch-following-post-report/.

16. Tonya Riley, "Get Ready, This Year Your Next Job Interview May Be with an A.I. Robot," CNBC, March 13, 2018, https://www.cnbc.com/2018/03/13/ai-job-recruiting-tools -offered-by-hirevue-mya-other-start-ups.html.

17. Ibid.

第 10 章

1. Thu Nguyen-Phuoc et al., "HoloGAN: Unsupervised Learning of 3D Representations from Natural Images," ArXiv:1904.01326 [Cs], April 2, 2019, http://arxiv.org/abs/ 1904.01326.

2. Drew Linsley et al., "Learning What and Where to Attend," ArXiv:1805.08819 [Cs], May 22, 2018, http://arxiv.org/abs/1805.08819.

3. Hector Yee (@eigenhector), Twitter, September 14, 2018, https://twitter.com/eigen hector/status/1040501195989831680.

4. Will Knight, "A Tougher Turing Test Shows That Computers Still Have Virtually No Common Sense," *MIT Technology Review,* July 14, 2016, https://www.technology review.com/s/601897/tougher-turing-test-exposes-chatbots-stupidity/.

5. James Regalbuto, "Insurance Circular Letter."

6. Abby Ohlheiser, "Trolls Turned Tay, Microsoft's Fun Millennial AI Bot, into a Genocidal Maniac," *Chicago Tribune,* March 26, 2016, https://www.chicagotribune.com/business/ ct-internet-breaks-microsoft-ai-bot-tay-20160326-story.html.

7. Glen Levy, "Google's Bizarre Search Helper Assumes We Have Parakeets, Diarrhea," *Time,* November 4, 2010, http://newsfeed.time.com/2010/11/04/why-why-wont-my -parakeet-eat-my-diarrhea-is-on-google-trends/.

8. Michael Eisen, "Amazon's $23,698,655.93 Book about Flies," It Is NOT Junk (blog), April 22, 2011, http://www.michaeleisen.org/blog/?p=358.

9. Emilio Calvano et al., "Artificial Intelligence, Algorithmic Pricing, and Collusion," VoxEU (blog), February 3, 2019, https://voxeu.org/article/artificial-intelligence -algorithmic-pricing-and-collusion.

10. Solon, "The Rise of 'Pseudo-AI.'"

11. Gale M. Lucas et al., "It's Only a Computer: Virtual Humans Increase Willingness to Disclose," *Computers in Human Behavior* 37 (August 1, 2014): 94–100, https://doi.org/ 10.1016/j.chb.2014.04.043.

12. Liliana Laranjo et al., "Conversational Agents in Healthcare: A Systematic Review," *Journal of the American Medical Informatics Association* 25, no. 9 (September 1, 2018): 1248–58, https://doi.org/10.1093/jamia/ocy072.

13. Margi Murphy, "Artificial Intelligence Will Detect Child Abuse Images to Save Police from Trauma," *The Telegraph,* December 18, 2017, https://www.telegraph.co.uk/ technology/2017/12/18/artificial-intelligence-will-detect-child-abuse-images-save/.

14. Adam Zewe, "In Automaton We Trust," Harvard School of Engineering and Applied Science, May 25, 2016, https://www.seas.harvard.edu/news/2016/05/in-automaton -we-trust.

15. David Streitfeld, "Computer Stories: A.I. Is Beginning to Assist Novelists," *New York Times*, October 18, 2018, https://www.nytimes.com/2018/10/18/technology/ai-is -beginning-to-assist-novelists.html.

图片来源

第133页（英文原书第126页）图片：

Made available under Creative Commons BY-NC 4.0 license by NVIDIA Corporation

第144页（英文原书第135页）袋鼠插图：

Made available under Creative Commons BY-4.0 license by Google

第156页（英文原书第146页）学校设计方案图片：

© by Joel Simon

第212页（英文原书第200页）潜水艇图片：

© by Danny Karmon, Yoav Goldberg, and Daniel Zoran

第214页（英文原书第201页）滑雪者图片：

© by Andrew Ilyas, Logan Engstrom, Anish Athalye, and Jessy Lin

以上图片均获得使用许可。

除以上外，本书的其他所有图片均由作者创作。